汉竹编著·健康爱家系列

儿科刘长伟：不挑食 长得高

刘长伟 主编

汉竹图书微博
http://weibo.com/hanzhutushu

江苏凤凰科学技术出版社
全国百佳图书出版单位

U0155605

前言

怎样才能让宝宝从小养成好的进食习惯呢？

都知道挑食、偏食不好，有什么行之有效的解决办法吗？

如何给孩子做出既营养又好吃的花样美食？

……

吃得好，宝宝才会长得壮！这是一本有关儿童营养与饮食指导的科普书，宝宝从出生到入园、入学后的喂养问题，爸爸妈妈都能从书里找到答案。

合理的营养对婴幼儿和儿童的体格发育和大脑发育至关重要，本书作者结合国内外权威资料，悉心指导爸爸妈妈合理喂养孩子，让孩子吃出营养与健康。

此外，本书作者——儿童营养医师刘长伟还详细阐释了谷类、蔬菜、水果、肉类、蛋类及海产品等食物的营养价值，并给出200道健康菜谱的制作方法及适用年龄，让宝宝吃得营养又安全。

0~6月龄宝宝的喂养

新生儿的喂养·母乳喂养

这种哺乳姿势，宝宝更舒服

正确的喂奶姿势是胸贴胸、腹贴腹、下颌贴乳房。妈妈一只手托住宝宝的臀部，用另一只手臂的肘部关节内侧托住头颈部，宝宝的上身躺在妈妈的前臂上。错误的喂奶姿势会使宝宝不舒服，而且也会影响到宝宝的吸吮和吞咽。

开奶前不要喂糖水

联合国儿童基金会提出的"母乳喂养新观点"认为：在开奶前不要给宝宝喂糖水和配方奶。因为现在提倡"早开奶、勤喂奶"。当新生儿娩出、断脐和擦干羊水后，就可以把宝宝放到妈妈的身边，先让他（她）和妈妈来个亲密的肌肤接触，再来吮吸两边的乳头。别小看这一举措，这可成功为母乳喂养拉开了序幕，这个时候宝宝精神头儿不错，会有种寻找乳头的渴望，但如果迟迟没有开奶，宝宝有点困了，就可能不愿意去吸吮母乳了。对于足月宝宝，通常情况下没有必要在开奶前喂糖水，喂糖水反而会干扰母乳喂养的建立。

奶水太冲，用剪刀式喂奶

如果妈妈奶水很好，乳头没有什么不适，宝宝大小便都很正常，生长发育也正常，可就是每次喂奶时宝宝就打挺、哭闹甚至拒绝吃奶，而且当宝宝吸吮时，吞咽很急，一口接一口。这可能是乳汁分泌过多，奶水太冲造成的。遇到这种情形，妈妈可用食指和中指做成剪刀样，夹住乳头上方，控制乳汁流量，以免呛到宝宝。

新生儿的喂养·人工喂养

人工喂养是不能母乳喂养后的无奈之举

　　宝宝出生以后本应该是母乳喂养的，母乳喂养无论是对于宝宝还是妈妈，都具有非常重要的意义，这些是人工喂养无法比拟的。所以，你一定要知道，人工喂养只是由于各种原因不能进行母乳喂养后的无奈之举，并不是最佳选择。

配方奶粉不要放在冰箱中保存

　　每次用完配方奶粉后，要将盖子盖好或将袋口封好，放在阴凉通风的地方，不要放在冰箱里。因为冰箱的空气潮湿，开罐后的配方奶容易吸潮，引起结块变质。另外，冰箱也不是无菌箱，里面同样会滋生不少的细菌，细菌会通过开罐后的缝隙来污染配方奶粉。

不要轻易更换配方奶

　　一旦选择了一种品牌的配方奶，没有特殊情况不要轻易更换，如果频繁更换，会导致宝宝的肠道来不及适应，无形中增添了喂养的麻烦。必须更换时，也不要太频繁。一个比较常用的办法就是，逐渐增加新的配方奶的量，例如从 1/2 勺到 1 勺再到 2 勺……同时减少需更换的奶粉量，如果宝宝没有异常的反应，那么可以继续增加至全部更换为止，这个过程可能需要 1~2 周的过渡时间。当然，如果宝宝的耐受良好，也可以直接过渡。

　　中国香港卫生署认为，不同牌子的奶粉有不同的冲调方法，不推荐两种或者两种以上牌子的配方奶混合冲调。转换奶粉没有硬性规定，根据宝宝接受新口味的程度来调节。因为个别的奶粉有不一样的味道，可能宝宝需要多些时间来适应。

　　转换其他配方奶时，孩子可能会出现大便次数、颜色等的改变，不要担心，这些都是正常现象。因为不同牌子奶粉的添加成分如铁、益生菌等会略有差异。此外，如果你的宝宝对最初饮用的牛乳配方奶粉没有过敏反应，换用其他牌子的牛乳配方奶粉也不会导致过敏。

7~12 月龄宝宝的喂养

准备些磨牙棒或牙胶

　　5~6 个月的宝宝已经开始长牙，为了减轻长牙期的牙龈不适，宝宝会喜欢咬一些硬东西，你可以给宝宝准备磨牙棒或牙胶。当宝宝长到七八个月的时候，爸爸妈妈可以为宝宝准备一些小食品，比如柔韧的地瓜条、手指饼干、新鲜水果条（苹果、梨等有些硬度的水果）、蔬菜条（黄瓜、胡萝卜）等，让宝宝用来磨牙，同时还可以锻炼宝宝的咀嚼能力，一举两得。但你一定要当心，宝宝可能会出现噎食情况，保险起见，你应该熟练地掌握噎食的急救方法。

每天适量摄入果蔬

　　果蔬中含有丰富的维生素、矿物质，还含有抗氧化物质如花青素，所以宝宝到了一定月龄每天都离不开果蔬。对宝宝来说，你可以给他选择新鲜的时令水果，春天如草莓、樱桃；夏天如甜瓜、蜜桃；秋天如葡萄、苹果、梨；冬天如香蕉、橙子等。当然，由于交通和贸易的便利，很多水果并没有明显的季节性，刚开始可以给宝宝选择容易做成泥的苹果、香蕉、牛油果等。

防止宝宝吞食异物方法

　　要及时清理小物品，特别要注意宝宝爬行的地面上是否掉有小物品，如扣子、大头针、曲别针、豆粒、硬币等。当吃有核的水果时，如苹果、桃子等，要特别当心，应先把核或籽取出后再喂食。检查玩具零部件，应对玩具进行仔细检查，看看玩具的零部件，如眼睛、小珠子等有无松动或掉下来的可能。

7~12 月龄每日辅食

在这个阶段，你一定要保证宝宝辅食的质量。肉泥、蛋黄、肝泥、豆腐等含有丰富的蛋白质，是保证孩子生长发育重要的食品，婴儿米粉、米粥、面条等主食为宝宝提供丰富的碳水化合物，蔬菜可以补充维生素、矿物质和纤维素。此时主食从婴儿米粉可逐步增加到米粥、软饭、面片、龙须面、馄饨、面包、小饺子、馒头、面包等。

7~9 个月，辅食添加的开始阶段

给 7~9 个月的宝宝添加辅食，你最主要的任务是让宝宝适应新的食物并且逐渐增加进食量。

这个阶段的宝宝每天要保持 600 毫升以上的奶量，保证优先添加富含铁的食物，比如每天强化铁的婴儿米粉，然后渐渐地达到每天 1/2 个蛋黄或 10~25 克熟的肉禽鱼，其他谷物类、蔬菜、水果的添加量根据宝宝的需要而定。如果你的宝宝对蛋黄过敏，那么要回避鸡蛋 3 个月以上再考虑尝试。添加辅食以后就可以逐步增加油脂的摄入，每天 5~10 克，亚麻籽油、核桃油都是很好的选择。7~9 个月龄的宝宝辅食质地应该从刚开始的泥糊状，逐渐过渡到 9 个月时带有小颗粒的稠粥、烂面条、肉末、碎菜等。

10~12 个月，辅食添加的递进阶段

宝宝 10 个月了，可能已经尝试过并适应了多种种类的食物，这一阶段，你在增加宝宝食物种类的同时，还要增加食物的黏稠度和粗糙度，并注意培养婴儿对食物和进食的兴趣。

这个阶段的宝宝应保持每天 600 毫升的奶量；保证摄入充足的动物性食物，每天 1 个蛋黄加上 20 克的熟肉禽鱼；保证一定量的谷物类，每天谷类食物一碗（250~300 毫升）；果蔬的量分别为 2 汤匙（25~50 克）。此外，继续引进新食物，特别是不同种类的蔬菜、水果等，增加宝宝对不同食物口味和质地的体会，减少将来挑食、偏食的风险。

最后需要强调的是，从添加辅食开始，就要注意让宝宝逐步尝试各类辅食，尽量做到辅食种类多样性，这个阶段宝宝接受的辅食种类越多，越有利于减少今后挑食、偏食，辅食期尝试的辅食种类越是单一，越容易给今后喂养留下隐患。

13~24 月龄宝宝的喂养

13~24 月龄的宝宝已经大致尝试过各种家庭日常食物，这一阶段主要是学习自己吃饭，并逐渐适应家庭的日常饮食。在宝宝满 12 月龄后应该和家人一起进餐，鼓励他尝试家庭食物。随着宝宝的自我意识增强，应该鼓励他自主进食。通常情况下，满 12 个月的宝贝们就能够用小勺舀起食物，但是大多会散落，18 个月的时候能够吃到大约一半的食物，而到 24 个月后，宝宝基本可以比较熟练地用小勺自喂了，很少有散落的情况。

13~24 个月，宝宝的奶量应该维持在每天 400~500 毫升，每天保证 1 个鸡蛋加上 50~70 克肉禽鱼，每天 50~100 克的谷物类（生重），相当于 1~2 碗饭。蔬菜 4~8 汤匙（80~160 克），水果（100~150 克）。不能母乳喂养或者母乳不足时，仍然建议以合适的幼儿配方奶粉作为补充，中国营养学会建议：1 岁以后，可以引入少量的鲜牛奶、酸奶等，作为宝宝辅食的一部分。结合国内外的建议，1 岁以后的宝宝如果不再吃母乳，又不接受奶粉，可以直接喝纯奶了。当然，如果有条件，最好能母乳喂养宝宝至 2 岁以后。

让宝宝适当吃些芝麻酱

芝麻酱中含有丰富的蛋白质、铁、钙。每 100 克纯芝麻酱含铁比同等量的猪肝高 1 倍。芝麻酱中钙的含量非常高，10 克芝麻酱可以获得超过 100 毫克的钙，堪比 100 毫升的牛奶，芝麻酱中钙的吸收率也不错，高于芝麻或芝麻糊，这是因为整粒的芝麻种皮中含有草酸和植酸，会影响到钙的吸收。芝麻酱中蛋白质含量比瘦肉还高，所以，芝麻酱营养丰富，经常给宝宝吃点芝麻酱可以达到补钙等作用。当然，芝麻酱含油脂也比较多，不能贪吃。

水果什么时候吃最好

水果也是均衡饮食不可缺少的部分，对健康有重要的影响。水果什么时候吃最好？有人认为餐前给宝宝吃水果会影响宝宝的吃奶量或正餐的摄入量，容易导致营养不良；也有人说餐后吃水果容易让食物堵在胃中形成胀气，从而引起宝宝便秘。其实，这些说法并没有道理，并没有权威部门推荐水果放到具体哪个时间段吃最好。可以把水果放在两餐中间吃，比如午休之后，也可以直接作为三餐的一部分，在三餐时适量摄入点水果。当然，水果的摄入也要适量。但切记，尽量直接吃水果，而不是果汁，喝果汁不等同于吃水果，除非特殊情况。

什锦水果沙拉

原料：苹果、梨、橘子各半个，香蕉半根，生菜叶 2 片，酸奶 1 杯。

制作方法：1. 将香蕉去皮，切片；橘子剥开，分瓣；苹果、梨洗净去皮、去核，切片；生菜洗净。

2. 在盘子里用生菜叶垫底，上面放香蕉片、橘子瓣、苹果片、梨片，再倒入酸奶拌匀即可。

营养师小叮咛：什锦水果沙拉将多种水果和绿叶蔬菜、酸奶搭配在一起，味道美美的，营养棒棒的，不妨拿它来应对家里爱偏食挑食的小食客。

2~5 岁儿童膳食

2~5 岁儿童每天应安排早、中、晚三次正餐，在此基础上还至少有两次加餐。一般分别安排在上、下午各一次，晚餐时间比较早时，可以在睡前 2 小时安排一次加餐。加餐要以奶类、水果为主。晚间加餐不宜安排甜食，以预防龋齿。

儿童膳食注意点：①两正餐之间应间隔 4~5 小时，加餐与正餐之间应间隔 1.5~2 小时；②加餐分量要少，以免影响正餐进食量；③根据季节和饮食习惯更换和搭配食谱。

2~5 岁儿童各类食物每天建议摄入量（克／天）

食物	2~3 岁	4~5 岁
谷类	85~100	100~150
薯类	适量	适量
蔬菜	200~250	250~300
水果	100~150	150
禽兽肉类	15~25	25~40
蛋类	20~25	25
水产品	15~20	20~40
大豆	5~15	15
坚果	–	–
乳制品	500	350~500
食用油	15~20	20~25

资料参考来源：中国营养学会编著，《中国居民膳食指南 2016》

6 岁以上的儿童膳食

饮食规律

　　6 岁以上的宝贝，你一定要注意他的饮食多样化，保证营养齐全，并且做到清淡饮食；要督促他经常吃含钙丰富的奶及奶制品和大豆及大豆制品，以此来保证钙的足量摄入，促进骨骼的发育和健康；经常吃含铁丰富的食物，如瘦肉等，同时搭配富含维生素 C 的食物，如新鲜的蔬菜和水果，以促进植物来源的铁在体内的吸收，保证铁的充足摄入和利用。经常进行室外活动以促进皮肤合成维生素 D，有利于钙的吸收和利用。

吃好早餐

　　每天吃早餐，并保证早餐的营养充足。可结合本地饮食习惯，丰富早餐品种，保证早餐的营养质量。

参考《中国居民膳食指南 2016》，6~12 岁孩子的饮食每天安排大致如下：

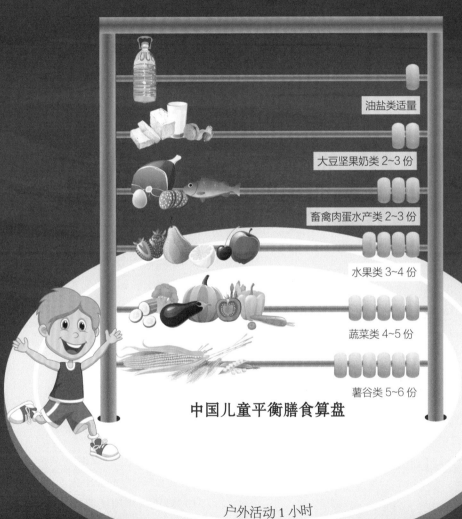

油盐类适量

大豆坚果奶类 2~3 份

畜禽肉蛋水产类 2~3 份

水果类 3~4 份

蔬菜类 4~5 份

薯谷类 5~6 份

中国儿童平衡膳食算盘

户外活动 1 小时

目录

第四章 海产品、肉蛋类，最营养的食物 /127

第一章
科学喂养，营养好长得高

从宝宝呱呱坠地起，如何养得好、养得壮便成了所有爸爸妈妈首要的任务。母乳虽是最方便、最有营养的喂养方式，但随着宝宝一点点长大会需要些辅食。什么时候添加辅食，如何添加又成了爸爸妈妈们关心的问题。添加辅食后宝宝不爱吃怎么办？是宝宝挑食？还是制作方法不科学？

基于爸爸妈妈的迫切需要，结合育儿过程中的焦点、难点、疑点问题，我们将引用国内外新的喂养理念，在本章详细阐述宝宝饮食的一系列问题，让宝宝不挑食，吃得香，长得高，让你不再为宝宝吃饭而劳心费心。

扭转基因的力量，是我给你的呵护

　　"我的个子矮，如何才能让孩子长高点？""我想让自己的孩子长高点，补钙可以吗？"……这类问题困扰着很多家长。孩子如何吃才能长高，不是由某一个因素决定的，影响孩子长高的因素包括遗传、营养、睡眠、运动等，它们的综合因素决定了人到底能长多高。

见证宝宝长高

　　宝宝的生长发育有两个高峰期，一是婴幼儿时期，另一个是青春期，尤以婴幼儿时期生长最快。足月新生儿身长平均为 50 厘米，出生后的最初 3 个月，宝宝平均每个月身长能增加 3~3.5 厘米，出生后 4~6 个月龄，平均每个月的身长增加 2 厘米，出生后 6~12 个月，平均每个月身长增加 1~1.5 厘米，出生后第 1 年身长约增长 25 厘米，第 2 年身长约增加 10 厘米。

过慢或过快，都要重视

　　孩子长得慢，家长一般都着急，忙着带孩子去看医生。而孩子如果长得比同龄孩子高，大多数父母会感到很骄傲。其实，孩子个儿长得过快未必就表示他将来是大个子，也要引起重视。

它们影响着宝宝的身高

　　很多父母认为"身高是我一生的痛，不能把这种痛再带给孩子。"大多数人认为遗传是身高的决定因素，这是真的吗？还有其他因素影响着身高吗？一起来看看吧！

 遗传

　　遗传对身高的影响起着主要作用。这是因为人体内分泌的生长激素水平决定最终身高，不同遗传基因则决定分泌生长激素的量的不同，所以个子高矮不一样，父母高的，孩子往往也会高。但遗传不能完全决定身高。

 营养

　　营养是生长发育的物质基础，对身高有重要的影响。没有足够的营养，就算先天的基因再好，也不能达到预期的身高。青少年平均身高越来越高，正是与生活条件的提高，营养条件好了有关。营养安排不合理，会影响到孩子发育。

 睡眠和运动

　　睡眠和运动也会影响长个子，充足的睡眠，有利于生长激素的分泌，有了生长激素，个子才会长高。对于生长发育中的孩子，尽量不要熬夜。同样，运动也会影响孩子长个子，儿童及青少年参加适量的运动有利于刺激身体长高。

适当参加体育锻炼，长得高

　　适量的体育锻炼能促进生长激素的分泌，为宝宝长个子加分。对于喜欢宅在家里的孩子，家长一定要注意多带孩子出去进行户外活动。当然，锻炼不是一朝一夕的，要持之以恒，最好每周锻炼四五次或平时每天锻炼不少于1小时。当然，运动也不要过了头。

生活美满长得高

吃得好，长得高

　　丰富而均衡的营养是宝宝长高的物质基础。

　　第一招，饮食总热量充足。避免过多的高脂肪、高热量食物的摄入。

　　第二招，注意摄入一定量的优质蛋白，包括肉类、鱼虾、蛋、奶类、豆制品等。

　　第三招，婴幼儿要有进食奶制品的习惯。

　　第四招，2岁以上的孩子注意适量进食全谷类或杂粮。精白的米、面往往损失了一些矿物质和维生素。其实，添加辅食就可以逐步引入少量全谷类食物（婴幼儿摄入过多的杂粮也不可取），尤其是对于膳食纤维摄入不足导致排便困难的宝宝。

　　第五招,定期监测发育情况。消化道疾病、心脏病等会影响发育及长个子，有疾病的孩子要积极治疗原发病。

　　要保证宝宝开开心心的。爸爸妈妈注意不要把自己的意志强加给宝宝，以免影响宝宝的生长发育。

多带孩子进行户外运动。

宝宝的喂养之 纯母乳喂养

母乳喂养是指用母亲的乳汁喂养婴儿的方式。有研究显示，由母乳喂养长大的宝宝更为健康，这是因为母乳能够增强宝宝免疫力、提升宝宝智力、减少婴儿猝死症的发生，还可以减少儿童期肥胖、减少罹患过敏性疾病的概率等。有越来越多的证据证明母乳喂养对健康有益，对此付诸实践的建议也在持续增加。

婴儿前 6 个月内应该纯母乳喂养

母乳是 6 月龄之内宝宝最理想的天然食品。母乳中的乳糖和低聚糖，能够促进肠道益生菌在肠道定值和生长，进而促进宝宝免疫系统的发育；母乳中的牛磺酸也是宝宝视网膜和大脑发育所必需的。

满足宝宝发育需要

按照我国母乳 0~6 个月龄内日平均泌乳量为 750 毫升评估，它所含能量以及各种营养素能够满足 6 个月内婴儿发育的所有需要。比如，母乳中高脂肪含量能够满足宝宝生长和能量储备的需要，所含二十二碳六烯酸能够满足宝宝脑部发育的需求。

纯母乳喂养的其他好处

我们刚刚已经说过，纯母乳就完全能够满足 0~6 个月宝宝的营养需要，所以在此期间不再需要任何其他的食物。除此之外，纯母乳喂养还有其他意想不到的好处。

 降低宝宝得病的风险

母乳中含有的免疫活性物质，能够抵抗各种病原微生物的感染，从而降低了婴幼儿患各种感染性疾病的危险。纯母乳喂养同样也能够有效地避免婴儿过早接触异源性蛋白质，进而减少过敏性疾病的发生。

 促进母婴情感交流

在哺乳过程中，妈妈的抚摸、拥抱，与宝宝的对视，可增进妈妈与宝宝之间的感情。促进母婴心理健康，有利于宝宝神经心理的发育。同时，这个过程能够给予宝宝足够的安全感，利于他的心智及社会适应性的发展。

 利于母体健康

妈妈哺乳可以加快产后子宫的复原，尽快地恢复健康。同时也有证据显示，母乳喂养可以使妈妈产后的体重逐渐恢复到孕前状态，还能够有效降低妈妈患糖尿病、乳腺癌以及卵巢癌的风险。

产后初乳营养好

分娩后 7 天内分泌的乳汁叫初乳，虽然不多但浓度很高。初乳含有大量的抗体，能保护宝宝免受细菌的侵害，所以应尽可能地给宝宝喂初乳，减少新生儿疾病的发生。初乳的好处是成熟乳和奶粉都无法替代的。

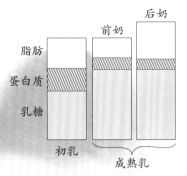

脂肪
蛋白质
乳糖
初乳　　前奶　　后奶
成熟乳

一组惊人的数据

2016 年 1 月，发表在权威医学杂志《柳叶刀》上的一篇《21 世纪母乳喂养：流行病学，机制和终身影响》揭示：

预防传染病方面，6 月龄以内纯母乳喂养婴儿的死亡率风险为非母乳喂养婴儿的 12%，对于 6~23 月龄婴幼儿母乳喂养使婴幼儿死亡率下降 50%。

母乳喂养可以减少约 50% 的腹泻（占入院腹泻患者的 72%），约 1/3 的呼吸道感染（占入院呼吸道感染患者的 57%）；在预防慢性病方面，较长时间的母乳喂养可以使超重或肥胖的概率降低 26%，还可以使 2 型糖尿病的发病率降低 24%。此外，母乳喂养可以使宝宝的智商提高 2.6 分。

总母乳喂养时间每增加 12 个月，浸润性乳腺癌的发病率就会降低 4.3%，较长时间的母乳喂养可以使卵巢癌发病率降低 18%。

不是迫不得已的情况，一定要坚持给宝宝母乳喂养，给宝宝一个健康的身体和美好的未来。

纯母乳喂养好处多，要坚持！

开奶，你不得不知道的事

进行母乳喂养的第一步就是开奶。如果开奶这步没做好，宝宝可能会拒绝母乳，妈妈也会因奶水不足或发生奶胀和奶结而使母乳喂养中途受阻，严重的还会发生急性乳腺炎。所以，正确的开奶是成功实施母乳喂养的关键。你知道开奶的具体情况吗？

开奶越早越好

怀孕期间，孕妇的乳房比怀孕前增大，乳腺的导管、腺泡都处于分泌的准备状态，一旦分娩，乳汁就开始分泌。通过婴儿的吸吮刺激母亲体内的催乳素和催产素，可使乳汁大量分泌。所以，应该早开奶，一是因为初乳营养价值很高，二是宝宝刚生下来的时候要尽快排除体内粪便，给宝宝多吃奶有利于胆红素排出，降低因母乳摄入不足而引起的黄疸。

开奶疼吗

开奶疼多是因为乳头被孩子吸破之后，还要让他吸，是很疼的。妈妈们可能会吃点苦头，但坚持下来后就会享受哺乳的乐趣。不是每个人都会破的，注意正确的喂养姿势和方法，可以减少乳头皲裂。

3步曲，开奶别怕疼

开奶是纯母乳喂养成功的基础，为了宝宝的健康，妈妈要努力克服困难，看看这几个小技巧，帮你缓解开奶带来的疼痛。

 第1步

开奶前，妈妈要先掌握抱宝宝正确的姿势，以及宝宝吃母乳时的含接姿势。如果分娩后的妈妈健康状况良好，要让婴儿尽快地吸吮乳头，刺激乳汁分泌，刚出生的婴儿应该有很强的吸吮反射能力。

 第2步

在喂养宝宝期间，可以选择用热毛巾敷乳房，并适当进行按摩，以缓解喂养宝宝带来的不适感。每晚临睡前用热毛巾敷两侧乳房3~5分钟，用手掌部按摩乳房周围，从左到右，按摩20~50次。

 第3步

要每天坚持让宝宝在妈妈乳头上吸8~12次甚至更多，如果妈妈在宝宝吃奶时觉得有点疼，表示宝宝吃奶姿势或含接乳房的方法不对，宝宝不光含着乳头，还要含着部分乳晕，嘴要张得够大才行。

选择舒适的姿势喂奶

婴儿含接姿势对照

正确姿势	错误姿势
婴儿下颌贴到乳房	婴儿下颌没有贴到乳房
嘴张得很大	嘴张得不够大（特别是相对于一个大乳房）
下唇向外翻	口唇向前或下唇向里卷
面颊鼓起呈圆形	面颊紧张或吸吮时向内凹
嘴上方的乳晕比下方的多	嘴下方的乳晕比上方的多或上下乳晕一样多

两侧乳房轮流喂奶，吸尽一侧再吸另一侧。

如何促进乳汁分泌

增加吸吮的频率

宝宝不定时、频繁地吸吮乳头是刺激乳汁分泌的动力，吸吮次数、强度、持续时间与乳量分泌密切相关。因此，乳汁是越吸越多，且是边吸边分泌的。哺乳开始2~3分钟乳汁分泌较快，吸吮7~8分钟后乳汁减少。

喂奶姿势要正确

母亲体位舒适，心情愉快，全身肌肉放松。母婴必须紧密相贴，使婴儿和母亲相贴，头和双肩朝向乳房，婴儿的嘴和乳头处于同一水平位置。母亲将拇指和四指分别放在乳房上、下方，托起整个乳房。每次喂奶前先将乳头触及宝宝的嘴唇，让他的口张大，使其能大口地把乳头和乳晕吸入口内，在宝宝吸吮时挤压乳晕下的乳窦，使乳汁排出，并能有效地刺激乳头上的感觉神经末梢，促进泌乳和排乳反射。

避免不良情绪对乳汁的影响。乳母心情愉快、生活规律和运动适量，有利于促进乳汁分泌。

宝宝的母乳摄入充足吗

怎么来判断宝宝的母乳摄入是否充足呢？一般来说，如果你的宝宝每天能尿湿 5~6 个纸尿裤，吃完母乳后比较安静，比较满足，就表示他是吃饱了的。

哺乳期妈妈营养要合理

哺乳期妈妈的膳食营养除满足自身需要外，还应满足泌乳的营养素消耗的需要。烹调方法应多用烧、煮、炖，少用油炸，进餐时多喝汤。每日三餐外，可适当加餐 2~3 次，注意饮水，每天约 2100 毫升，但不需要喝太多油脂高的荤汤，营养均衡时喝白开水也是一样的，不是说汤喝的越多母乳就越多。如果鱼类摄入较少，可以选择补充 DHA 制剂，每天 200~300 毫克。

一般哺乳期的妈妈每天进食谷类 250~300 克，薯类 75 克，其中全谷类和杂豆不少于 50 克；鱼、禽、蛋、肉类 220 克，豆制品如豆腐 100 克，低脂奶 500 毫升，蔬菜 500 克，水果 200~400 克，坚果 10 克，烹调油 25 毫升，盐不超过 6 克。

哺乳期妈妈一天食谱举例

该膳食方案是针对乳母能量需要量水平为 9628 千焦（约 2300 千卡）而设计的，这个能量水平基于女性轻体力身体活动水平 7535 千焦（约 1800 千卡）+2093（约 500 千卡）千焦而来，如果想制订个体化的饮食方案，需要咨询专业营养师来适当进行调整。

早餐

杂粮馒头 1 个：每个 70~100 克；

西红柿炒鸡蛋：西红柿 100 克，鸡蛋 50 克

蒸红薯：红薯 100 克

低脂强化维生素 D 奶：250 毫升

水果：橙子 100 克

午餐

杂粮饭：大米 50 克，小米 50 克

彩椒爆肉片：猪瘦肉 50 克，彩椒 100 克

芹菜百合：芹菜 100 克，百合 10 克

鲫鱼豆腐紫菜汤：鲫鱼 75 克，豆腐 50 克，紫菜 2 克

晚餐

牛肉面：面粉 100 克，牛肉 90 克，青菜 200 克，香菇 20 克

水果及其他：香蕉 150 克，酸奶 250 毫升，核桃 10 克

注：食材重量为生重，全天植物油 25 毫升，盐不超过 6 克。

间接哺乳，你做对了吗

当妈妈的母乳充足，却因为某些情况无法确保在宝宝饥饿时直接喂哺时，只能采用间接喂养方式。需要间接喂养时，妈妈可以用吸奶器定时把母乳吸出并储存于冰箱里，一定时间内再用奶瓶喂给宝宝。

吸出母乳的保存条件和允许保存时间

保存条件和温度要求	允许保存时间
室温保存 20~30℃	4 小时
冷藏	
15℃以上	24 小时
4℃	48 小时
4℃以上	24 小时
冷冻	
-5℃ ~-15℃	3~6 个月
低于 -20℃	6~12 个月

资料来源：中国营养学会编著，《中国居民膳食指南 2016》

间接哺乳时，要注意母乳的保存方法。

该不该母乳喂养

可继续母乳喂养的情况

· 母亲为乙肝病毒(HBV)慢性携带者，如宝宝出生以后按照要求接种乙肝免疫球蛋白及乙肝疫苗，可以母乳喂养。

· 患有甲亢或甲减的母亲选择合适的药物，可以安全哺乳。

· 母亲感染结核病，经治疗无临床症状时可哺乳。

· 母亲被单纯疱疹病毒感染，婴儿要避免直接接触病变部位，健侧可正常哺乳。

· 妈妈患感冒、发热、感染性腹泻等都是可以哺乳的。

不能母乳喂养的情况

· 母亲感染人类免疫缺陷病毒。

· 患有严重疾病（如慢性肾炎、糖尿病、恶性精神病、癫痫或心功能不全等）。

· 工作环境中存在有放射性物质。

· 接受抗代谢药物、化疗药物或某些特别的药物治疗期间。

可以母乳喂养的情况下，妈妈们一定要坚持母乳喂养，为了宝宝，也为了自己。

宝宝的喂养之人工喂养

人工喂养是指当母亲因各种原因不能喂哺婴儿时，可选用牛奶、羊奶等，或其他代乳品喂养婴儿，这些统称为人工喂养。值得注意的是，任何婴儿配方奶都不能与母乳相媲美，只能作为母乳喂养失败后的无奈选择，或者母乳不足时对母乳的补充。

什么是婴儿配方奶

婴儿配方奶是以婴幼儿营养需要和母乳成分研究资料为指导，用牛奶或羊奶、大豆蛋白为基础原料，经过一定配方设计和工艺而生产的，用于喂养处在不同生长发育阶段的健康宝宝。配方奶粉与普通奶粉的区别一方面是使之更接近母乳而改变其乳糖、矿物质等的含量，另一方面添加了微量元素、维生素、氨基酸或其他有益成分。

婴儿配方奶不能与母乳相媲美，为什么

母乳喂养的宝宝可以随母乳体验母亲膳食中各种食物的味道，对宝宝饮食心理及接受各种天然食物有很大帮助。

不能母乳喂养，为什么要选择配方奶而不是纯牛奶

很多妈妈也许会好奇，绝大多数的配方奶不就是以牛奶为原料制作的吗？那为什么不能给宝宝直接喂普通纯牛奶？这样不是更加方便，更加原生态吗？其实这是有原因的。

 纯牛奶对婴儿有伤害

牛奶含有高浓度的蛋白质和矿物质，牛奶蛋白对胃肠道的黏膜也有刺激，会给宝宝尚未成熟的肠道和肾脏带来压力和损伤。纯牛奶中还缺乏足量的铁以及其他宝宝所需要的营养成分，可能会令一些宝宝发生缺铁性贫血。

 配方奶相对更接近母乳

婴儿配方奶是以人乳为蓝本对动物乳成分如牛奶或羊奶进行改造，调整了其营养成分的组成、含量和结构，添加了婴儿必需的营养素，使产品的性能、成分含量接近人乳，为无法进行母乳喂养时宝宝的首选。

 真实案例

曾见到一个缺乏维生素 K 导致脑出血的宝宝，才 2 个多月。他既没有吃母乳，也没有吃婴儿配方奶。由于妈妈有疾病，宝宝出生以后就没有用母乳喂养，刚开始是喂奶粉，后来就吃米粉，最后导致了悲剧。

配方奶最贵的才是最好的吗

选择配方奶，需注意国家对配方奶的营养素种类和比例是有统一标准和统一要求的，市售同阶段的配方奶成分均大同小异，没必要盲目买最贵的。适合宝宝，能满足宝宝营养需要是关键。

护100™配方，科学配比，香浓可口。特别添加有益于儿童智力、视力发育及体护力的 High Q₊Shield™智•护100™营养组合，为3岁及以上处于重要发育成长期的儿童提供智力、视力、免疫系统发育成长的重要支持。

重要说明：
在3岁及以上的成长阶段，儿童开始学习社交，运动量非常大，语言能力迅速提高。在这个发育的重要时期，提供3岁及以上儿童智力、视力、免疫系统发育所需的营养素和能量是非常关键的。

食用及冲调方法：
可以作为配方奶饮用以补充日常膳食摄入不足。在冲调前，彻底洗净双手。为保证冲调后佳品质，用雅培金装儿童喜康力罐中附赠的量匙量取奶粉，即可刮平。每175毫升温开水中加入3量匙（置于罐内）36克雅培金装儿童喜康力奶粉，即可制成一杯200毫升的美味饮品。（每升标准冲调奶液含180克奶粉）。冲调时请充分搅拌均匀，保证营养素的充分溶解和吸收。如果不是立即饮用，可放入冰箱冷藏，但冷藏不宜超过24小时。将未饮用完的奶液弃掉。

贮藏方法：
未开封的奶粉可放于室温下。开封后的产品需贮藏在阴凉干燥的条件下（无需放入冰箱）。开封后，请务必于三周内食用完毕。

注意： 勿用微波炉加热，以免烫伤。

建议饮用表：

年龄	每次饮用量		每24小时饮用次数
	温开水（毫升）	量匙数量	
	175	3	2～4

List No.: P899
Commodity No.: 10070394

产品规格：900克/罐
生产日期(MFG)及保质期(EXP)至：请参看罐底

适合的就是最好的。

配方奶的选择

如果在一些特殊的情况下，母乳无法满足宝宝营养需求，或由于工作原因实在无法坚持母乳喂养至满1岁，怎么办？

配方奶应符合宝宝的营养需要

婴幼儿配方奶粉是帮助婴幼儿顺利实现从母乳向普通膳食过渡的理想食物。1周岁之内，尽量坚持母乳喂养。母乳不足或不能继续母乳喂养时，配方奶粉是次之的选择，这个年龄段宝宝还不适合饮用纯牛奶或纯羊奶。

要根据宝宝需求选择配方奶

尽管配方奶都在模拟母乳，但不同品牌之间或同一品牌不同档次之间可能会有品质的差异。例如，有的配方奶蛋白质含量高，但蛋白质的品质低；有的则蛋白质含量低，但蛋白质的品质高。有研究提示，婴儿摄入较多的蛋白质会增加肥胖风险。因此，在满足宝宝生长发育时可选蛋白质含量相对低但优质的配方奶粉。

小提示：世界卫生组织建议冲调奶粉的水的温度应在70℃以上，以便杀灭配方奶粉中有害的微生物。

配方奶的准备与储存

配方奶分为液体即食型、浓缩液型和奶粉型。液体即食型的配方奶虽然非常方便，但价格较昂贵。由浓缩液体奶冲调的配方奶需要混合等量的浓缩液体奶和水。奶粉型配方奶是最便宜的，冲调时，一般都是一平勺配方奶加上 30 毫升或 60 毫升水，摇到奶瓶里的配方奶块全部溶解就可以了。

配方奶现吃现冲

奶粉型用得比较普遍，如果选择需要冲调的配方奶，通常情况下，一定要严格地按照厂家的说明进行冲调。配方奶最好是宝宝现吃现冲，提前冲调好了的配方奶若暂时不喂宝宝，就要放进冰箱储存，以减少细菌的繁殖。如果冲调好的配方奶冷藏 24 小时内都没有给宝宝食用，就要立即倒掉。

冷藏后的奶可以不加热

冷藏后的配方奶不一定非要温热给宝宝喝，因为大多数的宝宝喜欢接近室温的奶，可以提前 1 个小时把奶取出来放在冰箱外，使其恢复到室温或用恒温器加热。

奶瓶喂奶的正确方法

奶瓶喂养宝宝是大多数妈妈必须学会的一项技能，给小宝宝喂奶绝对是一件十分有趣的活儿。奶瓶喂养的正确方法是什么呢？一起来学习！

 奶瓶的放入与移开

轻拍宝宝的一侧脸颊刺激他的吮吸反射。将奶嘴小心地放入宝宝的口中，奶嘴放得太深有可能让他噎住。如果想要移开奶瓶，可以用小拇指轻轻滑入宝宝的嘴边，这个动作可以让宝宝停止吮吸。

 中途可以休息

用奶瓶喂奶的时候不时地和宝宝说话，如果宝宝愿意，可以中途休息一下再继续喂奶。趁此机会你可以将宝宝换向另一侧，既可以让他有一个不同的视角，也可以让你的手臂放松一下。

 奶瓶倾斜，宝宝全身平直

为了减少宝宝吞入空气，将奶瓶倾斜倒置，让整个奶嘴充满配方奶，这样空气会上升到奶瓶底部。宝宝的头部要与身体保持在一条直线上。喝奶时，头歪着或往后仰都会使宝宝吞咽困难。

奶瓶的选择

选择奶瓶时，需要注意的是，检查奶嘴上孔的大小。如果孔太小，宝宝会吞入很多空气；如果孔太大，又可能会呛到宝宝。最适合的孔是当你把奶瓶调转奶嘴朝下时，里面的奶以大约一秒一滴的速度掉下来。

人工喂养5注意

人工喂养时需要注意哪些问题呢？

· 奶量按婴儿体重进行结算，6个月内，每日每千克体重需配方奶130毫升，如婴儿6千克重，每天大约喝牛奶780毫升，约3瓶奶，每3~4小时喂1次奶。3个月以内一般按需喂养，用生长曲线动态监测宝宝发育，如果体重增加过快或过慢都值得警惕。

· 喂养宝宝时需要注意奶粉的浓度不能过浓，也不能过稀。过浓会使宝宝消化不良，大便中会带有奶瓣；过稀则会使宝宝营养摄入不足，甚至影响发育。

· 每次喂奶前必须试奶温，可将奶汁滴几滴于手背或手腕处，以不烫手为度。

· 喂奶时，奶瓶斜度应使乳汁始终充满奶嘴，以免婴儿将空气吸入，哺乳后给宝宝拍嗝。

· 宝宝用的奶瓶、奶嘴必须每天消毒。

吃母乳的宝宝在6个月以前一般不必喂水，人工喂养的宝宝只要奶量充足，一般也不需要喂水。

清洗后，高温蒸煮10分钟左右消毒效果更好。

宝宝的喂养之 混合喂养

混合喂养是指在确定母乳不足或者由于其他原因妈妈不能持续母乳喂养时，用其他乳类或代乳品来补充喂养宝宝的方式。混合喂养虽然不如母乳喂养好，但在一定程度上能保证母亲的乳房按时受到婴儿吸吮的刺激，从而维持乳汁的正常分泌，婴儿每天能吃到 2~3 次母乳，对婴儿的健康仍然有很多好处。

补授法

补授法是指每次先喂母乳，宝宝未吃饱时再补充一定量的配方奶或其他乳品。但妈妈应坚持每次让宝宝将乳房吸空，以利于刺激母乳分泌，不致使母乳量日益减少。补充的乳量要按婴儿食欲及母乳量多少而定，注意一定不要过多，以免婴儿越来越少喝母乳而趋向喝配方奶。

代授法

代授法是指以乳品或代乳品代替 1 次或 3 次以上的母乳喂养。如果妈妈的乳汁量充足却又因工作不能按时喂奶，最好按时将乳汁挤出或用吸奶器吸空乳房，以保持乳汁分泌不减少。吸出的母乳冷藏保存，温热后仍可喂宝宝。但每日宝宝直接吸吮乳母乳头的次数不宜少于 3 次。

母乳不足的几种原因

母乳不足表现为：喂奶时听不到宝宝吞咽的声音；妈妈自己感觉不到奶胀，宝宝吃奶时不安静，吃奶后过不了多久又想吃奶；尿量少且每日少于 6 次。造成母乳不足的原因有：

 错误的姿势与习惯

宝宝吃奶含接姿势不正确，没有形成有效吸吮，导致母乳刺激不够，泌乳反射没有得到良好的建立，新手妈妈常因为这个原因造成母乳分泌不足；过早给宝宝配方奶或糖水，干扰了母乳喂养的建立。

 妈妈的心理与身体因素

周围人的怀疑，导致妈妈不够自信，这种不自信反射性抑制催产素，使泌乳量减少；长期的营养摄入不均衡，或者妈妈过于疲惫、疼痛、紧张、压力大、焦虑或抑郁等都会影响到泌乳。

 遗传

有极个别的妈妈确实没有母乳或母乳不足，其母亲当时也有乳汁不足的问题，这可能与家族遗传有一定关系。如果是遗传的原因，不要焦虑或者感到遗憾，给宝宝足够的爱，喂养配方奶也是可以的。

混合喂养要避免宝宝乳头混淆

妈妈经过正规催乳还不见奶量增加时需要加喂些配方奶，但妈妈千万不要用奶瓶直接喂宝宝，否则会影响他的吮吸能力。宝宝若产生乳头混淆，对妈妈乳头的兴趣会降低，此时给宝宝喂配方奶时可以用小勺子或辅助哺乳器（可参考科普书《刘长伟 母乳喂养到辅食添加》第24页）。

用小勺子给宝宝喂奶可以避免乳头混淆。

混合喂养 4 注意

· 混合喂养需要充分利用有限的母乳，尽量多喂母乳。母乳是越吸越多，如果妈妈认为母乳不足，就减少母乳的次数，会使母乳越来越少。母乳喂养次数要均匀分开，不要很长时间都不喂母乳。

· 每天按时母乳喂养，这样可以保持母乳分泌。缺点是因母乳少，宝宝吃奶的时间长，容易疲劳，可能没吃饱就睡着了，或者总是不停地哭闹，这样每次喂奶量就不容易掌握。

· 注意观察宝宝能否坚持到下一次喂养时间，是否真正达到定时喂养。

· 如果白天不能哺乳，又因母乳不足，可以在每日特定时间哺乳，要不少于3次，这样能促使母乳充分分泌，又能满足宝宝的需要。其余的几次则可以喂其他乳品，这样每次喂奶量比较容易掌握。

很多案例已经表明：如果方法得当，混合喂养是可以转为完全母乳喂养的。

拍嗝与吐奶

竖直抱起宝宝，轻拍后背。

拍嗝

宝宝在吃奶的过程中总会吸入一些空气，这可能会让他感到十分不适，进而变得烦躁不安。母乳喂养和配方奶喂养都会发生这样的情况，比较常见的还是配方奶喂养的时候。

当你的宝宝真的发生这种情况时，请立刻停止喂奶，暂时停顿并调整姿势会减缓他的吞咽速度，减少吸入的空气。不要让宝宝一边吃一边哭，因为不断地挣扎哭闹会使宝宝吞入更多的空气，增加他的不适感。

怎么拍嗝呢

1. 把宝宝竖直抱在胸前，头靠在你的肩膀上，一手扶住宝宝的头和背，另一只手轻轻拍打他的背。

2. 扶着宝宝，让他坐在你的膝盖上，一手支撑住他的胸部和头部，另一只手轻轻拍打他的背。

3. 让宝宝趴在你的腿上，扶住他的头，让头部略高于胸部，然后轻轻拍打他的背。

如果几分钟后还是没有拍出嗝来，不用担心，继续喂奶就好了。因为宝宝不是每次都一定会打嗝。等他吃饱后再试着拍嗝，然后竖直抱起 10~15 分钟防止吐奶。

喂奶前要保持安静。

吐奶

吐奶是婴儿阶段的普遍现象，这与宝宝胃食管发育还不完善有关系。有时是因为宝宝吃的东西超出了胃容量，有时是因为打嗝或流口水而引发了吐奶。虽然可能有点麻烦，但一般不需要担心。溢奶通常不会造成窒息、咳嗽、身体不适或严重危险，即使是在宝宝睡着时发生。

了解正常溢奶和真正的呕吐之间的差别非常重要。大部分的宝宝甚至不会注意到自己溢奶，呕吐则不然，因为反应更加剧烈，常会给宝宝带来很大的痛苦和不适。呕吐一般在进食后不久发生，量比溢奶的情况多。

如果宝宝经常性呕吐或者在呕吐物中发现血样物质或黄绿色物质，应及时去看医生以免后果严重。

尽量在宝宝饿前喂奶。

如何减少吐奶的情况

你要知道的是，想要彻底解决吐奶是不可能的，但是有些办法可以帮宝宝减少吐奶的频率和吐奶量。

1. 每次喂奶的时候都尽量保持安静、平静，使宝宝内心平和。

2. 吃配方奶的宝宝在喂奶过程中每隔3~5分钟就拍嗝。

3. 每次吃完奶后，把宝宝竖直抱起20~30分钟。

4. 不要让宝宝平躺着吃奶。

5. 尽量在宝宝极度饥饿之前喂奶。

不要让宝宝平躺着吃奶。

7~9 个月，辅食要加，母乳也不能少

　　6 个月的宝宝应添加辅食并不是说明母乳没有营养，只是说，孩子生长需要更多的营养，而母乳不能满足了。但此时并不建议断奶，美国儿科学会建议母乳喂养至少 1 岁以后，世界卫生组织和联合国基金会推荐坚持母乳喂养到 2 岁及以上，这对于婴幼儿的发育及成长来说，无论是在营养方面还是心理发育方面都有着无可替代的作用。

母乳依然比配方奶营养丰富

　　当然，6 个月之后的母乳依然比配方奶有营养。研究显示，即便 1 岁以上的宝宝仍旧可以从成熟乳中获得相当数量的蛋白质、脂肪、维生素和微量营养素。因此，如果有条件，可以继续坚持母乳喂养宝宝到 2 岁以上，同时安排好其他饮食。

宝宝需要的才是最好的

　　对于宝宝来说，每一个小阶段都是十分重要的。因此，妈妈们也要根据每个阶段不同的特点，对他们进行有意义的关爱。

母乳比配方奶的吸收率好

　　配方奶中列出的钙含量可能比母乳中的高接近一倍，但是吸收率不及母乳一半。同时一种物质摄入过多会影响宝宝对其他营养物质的吸收和利用。所以，不可低估母乳的魅力。当然，母乳也不是完美无瑕的，例如母乳含铁不高，母乳喂养的宝宝添加辅食以后，尤其要注意富含铁的辅食的添加。

 继续母乳喂养

　　对 1 岁以内的宝宝，提倡母乳喂养。事实证明，吃母乳能够使宝宝远离很多疾病。因为母乳中各种营养成分比例适当，且含有免疫活性物质，易于消化、吸收和利用，是最适合宝宝生长发育的营养品。

呵护宝宝免疫力

　　6 个月后的宝宝，自身的免疫力仍然比较低，坚持母乳喂养，能够获得能量以及抗体、母乳低聚糖等各种免疫保护因子，进而提高宝宝的免疫力，减少腹泻、中耳炎、肺炎和食物过敏等疾病。

 晒晒太阳

　　选择合适的天气，可以让宝宝在树荫下接受阳光的温柔抚慰，有利于抗体合成维生素 D，当然，对于母乳喂养的宝宝，不能完全依靠晒太阳获得充足的维生素 D。为了避免晒伤宝宝，一定不要强光直射。

添加些新鲜的鱼

　　鱼肉含有优质蛋白质、多不饱和脂肪酸如 EPA 和 DHA，是维生素 A 的来源之一，也是 B 族维生素的良好来源。鱼肉中钙、镁、钾含量也比较丰富，海鱼还含有丰富的碘。鱼肉细嫩易消化，有利于婴儿发育，所以 6 个月的宝宝在辅食上还可以添加鱼类，如鲈鱼、黄鱼、三文鱼。但鱼可能会引起过敏，添加时注意观察。

宝宝满 6 个月就可以添加辅食。

该添加辅食了

　　根据 WHO 的建议，对于健康足月出生的宝宝，引入辅食的最佳时间为满 6 个月。

辅食，买的好还是自制的好？

　　自制辅食的优点

　　·能做辅食的原料丰富，有利于培养宝宝接受多样食物的习惯。

　　·家长可以根据需要来搭配食材，做出各种花样。

　　·每顿都能做到现做现吃。

　　自制辅食的缺点

　　·量不好掌握。

　　·费时费力。

　　·有的自制辅食的营养不如市售的辅食，如婴儿米粉。

　　市售辅食的优点

　　·市售辅食加工精细，质地细腻，便于宝宝食用。

　　·即开即食，方便携带。

　　市售辅食的缺点

　　·可能会加盐，加糖。

　　·价格较高。

　　建议：强化铁的谷类最好选择市售的。1 岁以内最好吃原味食品，不加盐、糖。

添加辅食那点事儿

　　宝贝终于可以添加辅食了，可以渐渐尝到"人间百味"。作为妈妈，你是不是很激动呢？但在激动之余，你是否也有些许担忧，怕自己做不好。首先，添加辅食要从一种到多种。开始时不要几种食物一起加，应先试着加一种，让宝宝从口感到胃肠道功能都逐渐适应后再加第二种。如宝宝拒绝食用也不要勉强，可以过一天或几天后再试，三五次后宝宝一般就接受了。

不要只简单地把大人的饭做得软烂一些给宝宝吃。1岁以内宝宝的食物以不加盐为原则，以免增加孩子肝、肾的负担。颗粒尽量小，以免噎住宝宝。

由少到多是原则

　　添加辅食还要遵守由少到多的原则。妈妈应从少量开始，待婴儿愿意接受，大便也正常后再增加量。如果宝宝出现大便异常，排便困难或明显拉肚子，应暂停辅食，待大便正常后，再以原量或少量开始试喂。

　　帮孩子顺利过渡到吃辅食的一个好方法是，每次先给他吃一点母乳，然后用小勺子喂他吃一点辅食，半勺半勺地喂，最后再给他吃一些母乳或者配方奶。这样会避免孩子在非常饿的时候因不习惯辅食而闹脾气，也会让他慢慢地适应用小勺子吃辅食。

首先添加含铁丰富的泥糊状食物

　　根据中国及国外的婴幼儿喂养指南：满6个月以后（7月龄）的宝宝，首先应优先引入含铁丰富的泥糊状食物，包括强化铁的谷类食物，如米粉、肉泥、鱼泥等。这些富含铁的食物接受以后，就可以尝试各类适合宝宝吃的辅食，包括根茎类和瓜豆类蔬菜泥（如南瓜泥、胡萝卜泥），果泥（如煮熟的香蕉泥、苹果泥），尽量做到让宝宝的辅食多样性。

　　需要注意的是，动物来源的铁属于血红素铁，吸收率高达25%，而植物来源的铁属于非血红素铁，铁的吸收率为3%~5%，所以给宝宝食补铁主要还是靠动物来源的血红素铁。

常见食物的铁含量（毫克/100 克）

食物名称	含量	食物名称	含量	食物名称	含量
发菜	99.30	蛋黄	6.50	对虾	1.50
黑木耳	97.40	绿豆	6.50	鸡肉	1.40
紫菜	54.90	辣椒	6.00	油菜	1.20
豆腐皮	30.80	稻米（红）	5.50	籼米	1.20
豆腐干	23.30	荠菜	5.40	带鱼	1.20
猪肝	22.60	小米	5.10	鲳鱼	1.10
冬菇	21.10	标准粉	3.50	粳米	1.10
扁豆	19.20	菠菜	2.90	土豆	0.80
香菇（干）	10.50	鸡蛋	2.30	白菜	0.50
猪血	8.70	红枣	2.30	西红柿	0.40
黄豆	8.20	蟹肉	1.80	葡萄	0.40
小豆	7.40	肥猪瘦肉	1.60	牛乳	0.30

资料来源：杨月欣等主编，《中国食物成分表（2009 版）》

"辅食中缺少铁的话，容易造成缺铁或缺铁性贫血。"

为宝宝挑选安全无毒的餐具

安全的汤匙 喂宝宝吃饭时要用材质柔软的软头感温汤匙。练习用汤勺的时候要选择适合宝宝一口吞含的汤匙。

安全的叉子 除了把柄的宽度与长度以外，还要注意叉子尖端是否有圆弧设计，以免喂食时戳伤宝宝的口腔和脸部。

餐盘和餐碗 选择宝宝容易抓取，并且有碗耳的餐盘为宜。妈妈也可以选设计新颖和方便的吸盘碗，防止宝宝拿不稳。

宝宝缺微量营养素吗

所谓微量营养素是与宏量营养素相对而言的。宏量营养素在整个人体所需营养素组成中占有较大比例，人体对其的需要量也很大。微量营养素所占的比例则很小，人体对它们的需要量也就很少，因为它们在人体中是微量存在的，不足人体所需营养素组成的 0.01%，对人体健康所起的也是重要的"辅助"作用。

有些妈妈怀疑自己的宝宝缺少微量营养素，就私自去医院买药吃以达到补充微量营养素的效果，宝宝是不是真的缺微量营养素先不说，补充微量营养素最好选择食补。

微量营养素补充过多不仅不利于宝宝的健康，反而会限制其他营养素的吸收。如果医生认为宝宝有缺乏微量营养素的风险，应在医生或营养师的指导下，给宝宝适当补充，如果经检查后宝宝确实缺乏微量营养素，也要及时地做相应的补充，不然宝宝会因为营养素缺乏而引起一些疾病。

维生素缺乏会引起的疾病

缺维生素 A 容易引起呼吸道感染；皮肤相对干而粗糙，且易患夜盲症。缺维生素 C 常表现为体弱、牙龈易出血、伤口不易愈合等。

缺维生素 D，儿童可能会得佝偻病；成人会更容易患软骨病或骨质疏松症；缺维生素 B_1 可引起食欲不好、脚气病、腿肚子抽筋以及抑郁症等；缺维生素 B_2，眼睛感觉怕强光刺激、视力疲劳、嘴角干裂、舌炎等；缺维生素 B_3（尼克酸）会脾气急躁、失眠、头痛等。

缺维生素 B_6 易患贫血、胃不适、恶心、呕吐、情绪抑郁等；缺维生素 B_{12} 会出现人体神经系统的损害与巨幼红细胞性贫血等；缺叶酸容易引起巨幼红细胞贫血；缺维生素 B_5（泛酸）表现为食欲不振、体弱易病。

各种维生素的缺乏症状和食物来源

种类	缺乏症状	良好食物来源
维生素 A	儿童：眼球干燥症、角膜软化	肝类、奶类、绿色蔬菜、胡萝卜等
维生素 D	儿童：佝偻病 成人：骨软化症	强化维生素 D 的食品
维生素 E	神经病变	植物油如菜籽油、胚芽油、坚果
维生素 B$_1$	脚气病等	肉类、豆类、杂粮
维生素 B$_2$	口角炎、舌炎	肝类、肉类、奶类
维生素 B$_3$	糙皮病	肉类、蘑菇、肝类
维生素 B$_6$	皮炎、舌炎、抽搐等	肉类、土豆、豆类
维生素 B$_{12}$	皮肤过敏、舌炎等	肉类、家禽、鱼类、贝壳、奶类
叶酸	巨幼红细胞性贫血、腹泻等	菠菜、豆类、肝类
维生素 C	坏血病、牙龈出血等	油菜、菜花、青椒、猕猴桃、辣椒

"科学、均衡地补充营养素才是妈妈的明智之选。"

矿物质缺乏引起的疾病

临床上常见儿童轻中度锌缺乏，表现为生长缓慢、反复感染、食欲下降、皮疹等，补充锌后症状改善或消失。含锌高的食物有瘦肉、猪肝、贝壳类等。

儿童长期缺钙导致骨骼钙化不良，生长迟缓，严重者出现骨骼畸形，佝偻病。含钙高的食物有奶、大豆及豆制品等。

缺铁可影响到儿童生长发育、运动和免疫等各种功能。缺铁可导致宝宝食欲下降，少数宝宝可出现异食癖。含铁高且铁容易吸收的食物有肝类、血块、肉类等。

7~9 月龄辅食添加秘诀

　　刚开始给宝宝添加辅食，也是一件技术活，尤其是面对对辅食有抵触心理的宝宝。当喂给宝宝辅食的时候，一定要使用小勺子，除非孩子患有胃食管反流症（将胃里的内容物吐出）。不应将辅食放在奶瓶中喂孩子，这种方法可能会增加他每顿饭的摄入量，导致孩子体重增长过多。

　　让孩子养成良好的吃饭习惯很重要——坐直，用勺子吃，在吃下一口之前停顿一下，吃饱后停止。孩子早期的吃饭习惯将会为他一生的良好进食习惯奠定基础，有利于培养成不偏食不暴食的小食客。

　　给宝宝选择婴儿勺子，最好是小一点的，可以如咖啡勺那么大，硅胶的婴儿勺可以避免对婴儿的伤害。最初，每次喂给孩子半勺或者更少的量，喂给宝宝辅食时应边喂食边与孩子交流。在最开始的一两次，孩子可能看上去很迷惑，不知道如何下口，甚至完全拒绝辅食。但只要家长有足够的耐心，宝宝就会接受辅食，有的宝宝接受得快一些，有的宝宝接受得慢一点。

　　帮孩子顺利过渡到吃辅食的一个好方法是，每次先给他吃一点母乳或配方奶，然后用小勺子喂他吃一点辅食（半勺半勺地喂），最后再给他吃一些母乳或者配方奶。这样会避免孩子在非常饿的时候因不习惯辅食而闹脾气，也会让他慢慢地适应用小勺子吃辅食。但是，刚开始的时候，无论你怎么喂他，大多数辅食都进不到他嘴里，而是被弄到脸上和围嘴上，所以一定要慢慢地加量，刚开始的时候只喂他一两勺，等他完全适应了吞咽食物再给他增量。

你真的会添加辅食吗

随着宝宝的辅食量增加，满 7 月龄时，多数宝宝的辅食喂养可以成为单独一餐，随后过渡到辅食喂养与哺乳间隔的模式。每天母乳喂养 4~6 次，辅食喂养 2~3 次。不能母乳喂养或母乳不足时应选择合适的婴儿配方奶作为补充。

合理安排宝宝的作息时间，包括睡眠、进食和活动时间等，尽量将辅食喂养安排在与家人进食时间相近或相同时，以便以后宝宝能与家人共同进餐。

刚开始添加辅食时，可选择强化铁的婴儿米粉，用母乳、配方奶或水冲调成稍稀的泥糊状（能用小勺舀起不会很快滴落）。宝宝刚开始学习接受小勺喂养时，由于进食技能不足，只会舔吮，甚至将食物推出、吐出，需要慢慢练习。

可以用小勺舀起少量米糊放在宝宝一侧嘴角让其吮舔。切忌将小勺直接塞进宝宝嘴里，令其有窒息感，产生不良的进食体验。第 1 次只需尝试 1 小勺，第 1 天可以尝试 1~2 次。第 2 天视宝宝情况增加进食量或进食次数。观察 3~5 天，如宝宝适应良好就可再引入一种新的食物。在宝宝适应多种食物后可以混合喂养，如蛋黄加米粉。

在给 7~9 月龄宝宝引入新的食物时应特别注意观察是否有食物过敏现象。如在尝试某种新的食物的 1~2 天内出现呕吐、腹泻、湿疹等不良反应，须及时停止喂养，待症状消失后可再从少量开始尝试，如仍然出现同样的不良反应，应尽快咨询医师，确认是否食物过敏。

对于宝宝偶尔出现的呕吐、腹泻、湿疹等不良反应，不能确定与新引入的食物相关时，不能简单地认为宝宝不适应此种食物而不再添加。宝宝患病时也应暂停引入新的食物，已经适应的食物可以继续喂养。

辅食先加谷类有没有依据

按照传统，刚开始的时候应该先喂宝宝谷物。不过，并没有医学证据显示，按照特定的顺序喂辅食对宝宝有特殊的好处。尽管很多医生建议，要先喂宝宝蔬菜，然后再喂水果，但是也同样没有医学证据显示，如果先喂宝宝水果，宝宝会不喜欢蔬菜或者对蔬菜过敏。宝宝喜欢吃谷物，可以给宝宝选择罐装的婴儿米粉或麦片，用配方奶、乳汁或水冲调。确保是婴儿专用的，也就是说要含有宝宝在这个年龄所需的各种营养成分，同时又不会含有过多的盐。如果宝宝是母乳喂养，那么他将从专为婴儿提供的肉类中获益很多，因为这些肉类含有丰富的铁和锌，这个时候的宝宝容易出现缺铁或缺锌，这类食物中的营养物质吸收起来非常容易，而且对 6 个月的宝宝非常有用。

添加辅食以后注意观察

最好每次只给宝宝提供一种新的食物，等至少 3~5 天之后再给他另一种。每次给宝宝吃一种新食物以后，要观察他的反应，看是否出现腹泻、皮疹或呕吐等。如果出现这些情况，在你向医生咨询之前，停止给他吃可能引起这些情况的食物。在这 2~3 个月中，宝宝每天的饮食应该包括母乳、米粉、蔬菜、肉类、鸡蛋和水果，要将这些食物合理地安排在一日三餐中。此外，还要牢记，供成人吃的一些罐装食物中含有大量的盐和防腐剂，不要给宝宝吃。

什么时候给宝宝手指食物

当宝宝能够独自坐起来的时候，你可以给他一些用手拿着吃的小食物，让他学着自己吃。宝宝 8 个月大的时候可以学着自己吃东西。你要确保给他的食物都是软的，方便吞咽，而且要把食物弄成小块，保证孩子不会被噎到。可以给宝宝准备煮得很软、切成小块的胡萝卜、薯类，青豆，豌豆，鸡肉丁或者肉丁，小块的面包片以及全麦饼干等，不要给他需要咀嚼的食物，即使他已经有牙了。给宝宝吃罐装辅食的时候，不要直接从罐中取出来喂他，而是先把食物从罐中取出小份放到餐盘中，然后再喂给宝宝，这样能够防止罐中余下的食物被口中的细菌污染而腐败。餐盘中剩余的食物要倒掉，不要存放，更不要放回罐中。

宝宝要不要喝水

对于 6 个月以内的宝宝，口渴的时候可以通过吃母乳获得充足的水分，6 个月以后就可以给宝宝一点水。让宝宝喝白开水是一个非常健康的饮水习惯。在炎热的季节，当宝宝通过流汗失去水分后，你可以每天给宝宝喝水 2 次或者更多。如果当地的饮用水中添加了氟化物，那么经常让宝宝喝水会预防龋齿。

让宝宝学着坐高脚椅

当宝宝 6~7 个月大的时候，他已经能够使用高脚椅吃饭了。为了确保宝宝舒适且安全，你可以在高脚椅上垫一个可移动并可洗涤的垫子，这样你可以经常清理，防止积攒大量的食物残渣。选择高脚椅的时候，一定要选带有可拆卸托盘的高脚椅，而且托盘的四周要有较高的边缘。当宝宝吃饭时，托盘上较高的边缘能够防止食物从托盘上掉出来。可拆卸的托盘可以直接拿到水槽中清洗，比较方便，一段时间之后，要将整个高脚椅清洗一遍。

婴儿时期建立起来的不良饮食习惯可能导致宝宝日后的健康问题。定期带宝宝体检，专业医生会判断出宝宝是否过度肥胖、饮食是否足够、是否吃了过多不当食物等。了解一下孩子所吃食物的热量和营养成分，这样可以确保给他吃合理的食物。留意家中其他家庭成员的饮食习惯，通常在 8~10 个月大时孩子越来越多地在餐桌上与大家一起吃饭，他可能会模仿其他家庭成员的吃饭方式。为了孩子的健康，也为了全家人的健康，一定要尽量少吃盐，保持饮食健康而富有营养。

如果担心孩子过度肥胖怎么办

甚至在宝宝很小的时候，一些父母就开始担心他们的孩子体重过重。由于儿童肥胖现象以及肥胖导致的其他问题如糖尿病的发病率有所增多，因此，父母对这个问题敏感是明智的。一些证据显示，使用配方奶喂养的孩子比母乳喂养的孩子体重增长更快，可能因为父母每次都会鼓励孩子喝完一整瓶奶。不过，不要因为担心孩子过度肥胖就在他刚出生的 1 年中让他喝奶过少。在调整宝宝的饮食之前，一定要听取医生的建议。在最初的几个月，宝宝成长发育较快，这时宝宝需要搭配平衡的脂肪、碳水化合物以及蛋白质。当给孩子吃辅食后，他的大便会变得更加成型且颜色更加多变。由于糖和盐的摄入量增加，孩子的大便可能有更加强烈的气味。

如果饮食安排不合理，宝宝的大便中可能含有未被消化的食物成分，尤其是豌豆或者玉米，以及西红柿皮或者其他一些蔬菜的茎叶，这一切都是正常的。如果孩子的大便非常稀，含有黏液，可能因为他的消化系统出现不适。此时应该向医生咨询一下，看宝宝是否患有消化系统方面的疾病。

7~9 个月饮食

7~9 个月
宝宝一天
饮食安排参考

奶：600~800 毫升；

谷类：25~50 克；

禽畜肉、鱼虾、蛋类：

25~50 克；

蔬菜：25~50 克；

水果：25~50 克；

油：5~10 毫升；

白开水：少量

注：食材为生重，不额外加盐。
中号碗：1 碗约 250~300 毫升，
1 碗稠粥约 50 克大米。
中式汤匙：1 汤匙约 20 克
煮熟的蔬菜、未煮的碎肉或
鱼片。

7 个月
宝宝参考食谱

上午 6:30
母乳或配方奶

9:30
母乳或配方奶

12:00
母乳或配方奶，各类泥
糊状辅食如婴儿米粉 /
菜泥 / 肉泥 / 蛋黄

下午 15:00
母乳或配方奶

18:00
母乳或配方奶，婴儿米
粉 / 菜泥 / 肉泥 / 蛋黄 /
果泥

晚上 21:00
母乳或配方奶

夜间根据需要可母乳喂
养或配方奶喂养 1 次

8 个月
宝宝参考食谱

上午 6:30
母乳或配方奶

9:30
母乳或配方奶

12:00
肉末粥，菜泥

下午 15:00
母乳或配方奶

18:00
蛋黄粥、果泥

晚上 21:00
母乳或配方奶

9 个月
宝宝参考食谱

上午 6:30
母乳或配方奶

9:30
母乳或配方奶

12:00
肉末 / 鱼肉 / 蛋黄菜粥
果泥

下午 15:00
母乳或配方奶

18:00
肉末 / 鱼肉 / 蛋黄菜粥 /
烂面条

晚上 21:00
母乳或配方奶

7~9 个月宝宝一周辅食食谱

你是不是每天要花很久思考给宝宝做什么吗？这一周，我们帮你安排好了……

星期＼餐次	午餐	晚餐
星期一	南瓜蛋黄米粉 香蕉泥	胡萝卜肉泥米粉苹果泥
星期二	青菜鱼泥米粉	笋瓜肉泥米粉
星期三	西红柿蛋黄粥 牛油果泥	菠菜鱼肉米糊
星期四	黄瓜猪肝粥 梨蓉	西蓝花鸡肉粥
星期五	青豆牛肉泥粥 香瓜蓉	木耳菜豆腐粥
星期六	西红柿鸡蛋疙瘩 猕猴桃蓉	荠菜鸡肉面
星期日	紫菜豆腐面 西瓜蓉	土豆香菇肉末粥

10~12 个月了，吃些什么呢

在妈妈们的精心照顾下，这个年龄段的宝宝已经尝试过各种各样的食物了，可能有的已经完全适应，有的尚在适应中。在之前的基础上，妈妈们要在扩大宝宝食物种类的同时，增加食物的稠厚度和粗糙度。此外，培养宝宝对食物的兴趣也是格外重要的一点。

要长牙了，让宝宝多咀嚼

你知道吗？大多数的宝宝会在 12 月龄前长出第一颗牙。在这个具有特别意义的阶段，辅食上也要注意。

颗粒状的食物是牙齿萌发的得力小助手。让宝宝常常啃咬，用牙床磨软软的小颗粒食物，十分有利于宝宝牙齿的长出。

为了向成人饭过渡，也为了促使宝宝长牙，这个年龄段宝宝的辅食质地要比之前加稠、颗粒加粗，带一定的小颗粒，也可以尝试些块状的食物。此外，要继续引进新食物，为了让宝宝继续掌握吃的本领，训练手眼协调能力，需要让宝宝多用手抓食物，如香蕉、土豆块等。

这个阶段的宝宝，每天要有 600 毫升的奶量，根据个体情况可适量调整；适量的强化铁的米粉、稠粥、软饭、馒头等谷类食物，继续尝试不同的蔬菜和水果，让宝宝尝试碎菜或自己啃咬香蕉、煮熟的土豆等。蔬菜、水果每天各 50 克。保证摄入足量的动物性食物，每天禽畜肉、鱼肉共 25~50 克，蛋黄 1 个或鸡蛋 1 个，如果对蛋类过敏，增加肉类 30 克左右。

这个期间睡前可以加餐，但夜间应停止喂养。一日三餐时间与家人大致同步，适量安排加餐 3 次左右。

10~12 个月饮食

10~12 个月宝宝一天饮食安排参考

奶：600 毫升；

谷类：50 克；

禽畜肉、鱼虾：25~50 克；蛋黄 1 个或鸡蛋 1 个；

蔬菜：50 克；

水果：50 克；

油：5~10 毫升；

白开水：适量

注：食材为生重，不额外加盐。
中号碗：1 碗约 250~300 毫升，1 碗稠粥约 50 克大米。
中式汤匙：1 汤匙约 20 克煮熟的蔬菜、未煮的碎肉或鱼片。

10~12 个月宝宝一天参考食谱

上午 7:00 母乳或配方奶，或蛋黄米饭 1/4~1/2 碗；

10:00 母乳或配方奶；

12:00 软米饭（1/4 碗），鱼圆或小肉丸 1~2 个（25 克），炒菜末 50 克（2 汤匙）

下午 15:00 母乳或配方奶，水果；

18:00 肉馄饨（1/2 碗）；

晚上 21:00 母乳或配方奶

10~12 个月宝宝一周辅食食谱

	早餐	午餐	加餐	晚餐
星期一	婴儿面条	青菜鳕鱼粥	香蕉、酸奶	香菇彩椒肉末软饭
星期二	蛋黄粥	青菜鱼肉粥	苹果、饼干	笋瓜炒肉末软饭
星期三	小米粥	西红柿鸡蛋面片	牛油果、面包	荠菜鱼肉丸软饭
星期四	杂粮糊	黄瓜肉末木耳粥	梨蓉、小馒头	西蓝花鸡肉软饭
星期五	南瓜粥	土豆牛肉面疙瘩	香瓜、豆腐脑	猪肉白菜馄饨
星期六	山药粥	肉末烧茄子浇饭	猕猴桃、馍片	菠菜豆腐羹
星期日	燕麦粥	芹菜肉小水饺	西瓜、烤土豆条	青菜香菇肉末猫耳朵面

资料参考：中国香港卫生署，《6~24 个月婴幼儿 7 日饮食全攻略》

很多调查表明，1 岁以上的宝宝微量营养素的缺乏依然十分普遍。由于铁的缺乏，导致缺铁性贫血的发生率在我国高达 20%，如果维生素 D 获得不足，严重的则患佝偻病。

保证宝宝的健康，均衡的配方奶类食品仍然是幼儿饮食的重要部分。

13~24 个月，由奶向饭

什么时候断奶最科学？对于这个问题，没有标准的统一答案，什么时候给宝宝断奶，是每一对母子之间根据自己的具体情况而做出来的私人性决定。具体断奶时间还要看孩子的成长情况，最好等到孩子自动脱离对母乳的需要。1 岁以内不建议断母乳，断奶应循序渐进，自然过渡，最应避免的是突然的断奶。

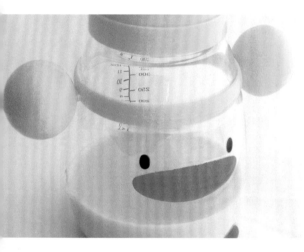

逐渐减少喂奶次数，实现自然离乳。先减少白天喂奶次数，再逐步断夜奶。断奶前先让宝宝接受奶粉或纯奶。妈妈不能避开宝宝，爸爸也要增加照料宝宝的时间。

断奶不断爱

哺乳动物那绵长的情感通过哺乳这一方式传递出来，人类也是这样的，一吸一吮，体现着宝宝的自信与依赖。形成这种交流，妈妈和宝宝都付出了努力，不断地练习和磨合，但是有些宝宝在 1 岁以后，有的在 2 岁以后，必须要经历断奶。爸爸妈妈要做好准备工作，断奶只是宝宝成长的必修课，并不是一种残忍的道别。妈妈自己首先要明确地告诉自己，断奶，就是宝宝在长大。妈妈要做的，是保证宝宝断奶期间依然有充足的营养供给，并且要在心理上安抚宝宝，让他明白，妈妈始终爱着他。

不断奶宝宝就不好好吃饭

很多人认为，宝宝不好好吃饭，就是因为长期喂养母乳造成的，应该尽早断母乳。确实，家长给宝宝断了母乳以后，宝宝愿意吃饭了。但需要指出的是，无论母乳喂养还是奶粉喂养，都需要训练宝宝吃辅食的本领，有的宝宝确实依恋母乳，但这不是迁就宝宝的理由，爸爸妈妈需要及时引导宝宝尝试各类辅食，1 岁以后奶逐步为辅食，以三餐为主。强行给宝宝断了母乳，宝宝只能接受饮食，但如果有条件，1 岁以后可以继续喂母乳。若不再母乳喂养，也要保证宝宝这个时候有一定奶量，350~500 毫升不等，以奶粉或纯奶代替。

小方法使宝宝顺利过渡饮食模式

逐渐改变食物性状。有的家长，尤其是爷爷奶奶带孩子时，为了省事，把所有的食物全部打碎调成糊状，让宝宝喝下去，而不用咀嚼。自以为这样既好消化又方便省事。但这种制作方法不够恰当，长期下去会导致宝宝不能进食固体食物，严重影响宝宝饮食结构的过渡。

因此，在宝宝的饮食结构过渡过程中，食物的性状也需要跟着改变，逐步降低奶量到一定程度，安排好宝宝的三餐，让宝宝吃好三餐。饮食过渡并不是说，宝宝把饭吃好，就不用喝奶了，奶量还是要有保证，才能让宝宝获得丰富的钙、蛋白质等营养素。让宝宝吃出营养与健康，才能更健康地成长。

给宝宝做饭虽说不是一件轻松的事，但却是一件值得你付出的事情。坚持精心为宝宝做可口健康的饭菜，不仅为宝宝今后的健康打下了坚实的基础，更体现了家长无私而贴心的爱。

"变换饮食花样。家长们在掌握营养原则的基础上还需要动动脑。"

定时定量地进餐

重视幼儿饮食习惯的培养，让孩子逐步养成良好的饮食习惯，定时、定量，有规律地进餐。每天主餐3次。

上、下午两主餐之间可以进食奶类、水果，睡前也可以少量加餐。既保证了营养均衡，又利于消化。

尽量避免甜食及饮料以及较不健康的零食。零食吃多了会使得宝宝食欲降低。

13~24 个月辅食的添加

　　母乳是婴儿最主要的营养来源，当宝宝断奶后，辅食逐渐取代母乳成为主要营养支柱，宝宝断奶后要如何吃才能营养又健康呢？首先，要根据宝宝的食量现吃现做。一次做很多然后分几天喂不是一个好的方法。烹饪的食品在冰箱放两天以上就不能吃了，而且冷冻后的食品味道也会发生变化，要根据食品的特点选择合适的保管方法。蔬菜粥比水果更容易变质，只能保存一天，水果可以保存 3 天。

把宝宝放到固定的位置上坐好再喂。为了让宝宝养成良好的饮食习惯，喂饭的时候要让他坐在婴儿车或者椅子上，一定要固定住。

辅食中可以少加盐

　　13~24 个月宝宝从母乳、配方奶或其他食物中摄取的钠一般能够满足身体的需要，不需要在辅食中额外加盐。而且，宝宝的肾脏发育还不够成熟，尤其是排泄钠盐的功能不足，吃了加盐的辅食，会增加肾脏负担。肾脏如果不能及时将钠排出体外，钠盐滞留在组织之内，会导致局部水肿。

　　13~24 个月的宝宝的肾脏、肝脏等各种器官还未发育成熟，过量的钠可能会加重肾脏的排泄负担。这个时候宝宝的味觉、嗅觉还在形成，让宝宝养成清淡饮食的习惯非常重要，家长不能以自己的口味来衡量宝宝的需要。

　　由于这个阶段可以从食物中获得较多的或足够的钠，考虑到宝宝又要逐步融入家庭食物，因此，13~24 个月宝宝的盐摄入最好控制在每天 1 克以内。为了达到这个目标，一方面注意给宝宝专门做辅食，或者放盐时考虑到宝宝。据调查，2012 年我国成人平均每天摄入盐 10.5 克，是世界卫生组织推荐的 5 克以内的 2 倍多。这提示我们家长也应做好榜样，主动限盐。如果家长每天摄入的盐控制在目标范围以内了，宝宝吃家庭食物所摄入的盐也不会明显超标了，因为宝宝吃的食物的分量少。

为什么不建议 4 岁以内儿童吃整粒的坚果或带坚果的食物

之所以不推荐 4 岁以内儿童吃整粒的坚果，因为有血的教训。据报道，因为吃带壳的瓜子、花生或整粒的开心果、杏仁导致不少孩子发生意外，儿童医院耳鼻喉科每年收治不少因为吃这类食物导致意外的患儿。

一年春节期间，在西安发生这样一个惨剧：家长带着 1 岁多的孩子走亲戚，有个亲戚给孩子吃开心果，结果发生了呛咳，呛到气管了，导致孩子窒息，赶紧送孩子去医院，可就在去医院的路上孩子停止了呼吸。据报道，在杭州一位孩子吃杏仁时也发生意外导致孩子死亡。因此，为了宝宝的安全，不要给 4 岁以内儿童吃整粒的坚果类食物。

此外，4 岁后的宝宝可以给一些。但吃坚果的时候一定不要让孩子笑或者哭，切记切记，哭和笑的时候含着坚果相当危险，容易呛着。家长一定不要大意。

> **"想办法让宝宝吃掉他比较排斥的食物。"**

增强宝宝的食欲

把食物做得有趣一些。随着宝宝的成长、辨别能力的增强，妈妈可以花些心思来激发宝宝的食欲。

让他放肆地用手抓饭。当宝宝咀嚼吞咽功能越来越熟练，在 8~10 个月时，就可以尝试让他自己用手抓东西吃。

给他餐具，让他自己吃。当宝宝习惯吞咽食物后，可试着让宝宝自己拿汤匙吃。通过长时间锻炼，宝宝表现会越来越好。

13~24 个月饮食

13~24 个月宝宝一天饮食安排参考

奶：350~500 毫升；

谷类：50~100 克；

禽畜肉、鱼虾：50~75 克；鸡蛋 1 个；

蔬菜：100~150 克；水果：100~150 克；

油：10~15 毫升；盐：<1 克；

白开水：适量

参考食谱 1

上午 8:00 母乳或配方奶 200 毫升，肉松粥 1 小碗

10:00 3~4 片饼干，50 毫升酸奶

中午 12:00 软饭 1 小碗，碎肝炒青椒 1 小盘，菜叶汤半碗

下午 15:00 香蕉 1 根，蛋糕 1 块

18:00 肉末胡萝卜饺子（3~5 个）

晚上 21:00 母乳或配方奶 250 毫升

参考食谱 2

上午 8:00 母乳或配方奶 150 毫升，鸡肝面条 1 碗

10:00 酸奶 50 毫升，小点心 1 块

中午 12:00 软饭一碗，青菜肉末豆腐 100 克，虾皮紫菜汤一碗

下午 15:00 香蕉或苹果 100 克，饼干 2 块，母乳或配方奶 150 毫升

18:00 烂二米粥（小米、大米）1 碗，西红柿炒鸡蛋 1 小盘（西红柿 50 克，鸡蛋 50 克）

晚上 21:00 母乳或配方奶 200 毫升

参考食谱 3

上午 8:00 母乳或配方奶 100~150 毫升，小花卷 1 个（约 25 克）蒸蛋 1 个，花生酱少许

10:00 酸奶 100 毫升，小点心 1 块

中午 12:00 软饭 1 碗，肉末胡萝卜黄瓜丁 100 克，菠菜汤 1 碗

下午 15:00 香蕉或苹果 100 克，配方奶 120 毫升

18:00 鱼糜一份，软饭一碗，土豆笋瓜丁一份

晚上 21:00 母乳或配方奶 200 毫升

13~24 个月宝宝一周辅食食谱

	早餐	加餐	午餐	加餐	晚餐
星期一	小花卷 菜末蒸蛋	奶类	牛肉烩笋瓜丁软饭	香蕉、酸奶	香菇彩椒肉末软饭
星期二	白粥 菠菜炒鸡蛋	奶类	青菜肉丸软饭	苹果、饼干	笋瓜丁炒肉末软饭
星期三	大米小米粥 菜肉包	奶类	西红柿鸡蛋面片	牛油果、面包	荠菜鱼圆烧土豆丁软饭
星期四	肉末胡萝卜丁炒饭	奶类	彩椒土豆丝 虾肉炒碎豌豆粒软饭	梨蓉、小馒头	炒西蓝花 红烧鸡腿肉软饭
星期五	青菜鳕鱼粥	奶类	肉末烧茄子浇饭	香瓜、豆腐脑	猪肉白菜馄饨
星期六	黄瓜肉末木耳粥	奶类	西红柿土豆牛肉面疙瘩	猕猴桃、馍片	馒头 菠菜豆腐羹
星期日	燕麦粥 银鱼蒸蛋	奶类	芹菜肉小水饺	西瓜、烤土豆条	青菜香菇肉末猫耳朵面

2~5岁，主食以饭为主

2~5岁是孩子饮食行为和生活方式形成的关键时期。与婴幼儿时期相比，此时期宝宝的生长速度减慢，各器官持续发育并逐渐成熟，但仍处于发育的较高水平。供给其生长发育所需的足够营养，帮助其建立良好的饮食习惯，为建立宝宝一生健康膳食模式奠定坚实的基础。目前，儿童肥胖问题在我国日趋严峻，此阶段如果合理安排孩子的饮食，对预防青少年和成人后超重和肥胖具有重要意义。

谷类食物是人体能量的主要来源，可为儿童提供碳水化合物、蛋白质、膳食纤维和B族维生素等。

饮食要这样安排

孩子生长速度相对慢了，但对各种营养素需要量较高，各器官持续发育并逐渐成熟，但消化系统还没有完全成熟，咀嚼能力还差一些，在饮食制作上还是要考虑到孩子的特点。这个阶段的大多数孩子处于幼儿园阶段，是培养孩子养成良好饮食习惯的重要时期。合理安排饮食的同时，让孩子建立良好的进食习惯非常关键，甚至影响到孩子一生的健康。

食物多样性，吃好主食

这个阶段的孩子正处于生长发育阶段，新陈代谢较快，对于营养素的需求相对高于成人。如果要获得各类营养，就要注意食物的多样性，不能单靠某类食物来获得所有的营养素。要让孩子吃好主食，谷类为主，粗细搭配，切记不能吃得太精细，2岁以后的孩子可以逐步增加全谷物食物摄入的比例，有利于健康。

饭菜口味要清淡

2岁以后的孩子，还是要保持清淡口味。在孩子能接受的口味基础上，尽量少盐、少糖，烹调油适中。为了孩子能够保持清淡口味，尽量减少在外就餐的机会。

重视早餐的营养搭配

很多家长为了赶着上班或其他事情，往往忽视孩子的早餐，有的在小摊上随便给孩子买点吃的。有的家长更是省事，干脆给孩子点钱，让孩子想吃什么买什么。需要注意的是，吃好早餐对孩子的健康非常重要，丰富的早餐包括主食、肉类或蛋类、蔬菜及水果等。

其实，给孩子准备丰富的早餐，也没有想象的那么费事，如果方法得当，并不会影响家长正常上班。为了节约早上的时间，家长晚上可以提前准备一下。例如，如果想给孩子喝八宝粥，可以用带有预约功能的电高压锅。如果想给孩子炒菜，可以提前把菜清洗干净，放冰箱备着，早上稍微提前几分钟起来，烧水、炒菜等；可以给孩子做一个鸡蛋菜饼，冲一杯牛奶，洗一个水果，再配少量坚果；也可以给孩子煮青菜鸡蛋面条，再配一个水果；或者一碗八宝粥，一盘西红柿炒鸡蛋等。

> " 一顿营养的早餐是一天生活的开始，为孩子准备美味营养的早餐，是爱他的表现。"

多吃这些身体更健康

多吃新鲜蔬菜和水果。蔬菜和水果不但能够提供维生素、矿物质，还能提供膳食纤维。

经常吃大豆及其制品。大豆蛋白也是优质蛋白，含有大豆蛋白、不饱和脂肪酸、钙及维生素 B_1、尼克酸、维生素 E 等。

养成喝白开水的习惯。很多孩子从小就不习惯喝水，这需要养成喝白开水的习惯。孩子活动量大时，更要注意多喝水。

2~5 岁饮食

2~5 岁宝宝一天饮食安排参考

2~3 岁
谷类：85~100 克；
蔬菜：200~250 克；
水果：100~150 克；
禽畜肉、鱼虾、蛋类：75~100 克；
豆制品：5~15 克；
油：15~20 毫升；
奶：350~500 毫升；
盐：<2 克

4~5 岁
谷类：100~150 克；
蔬菜：250~300 克；
水果：150 克；
禽畜肉、鱼虾、蛋类：100~150 克
豆制品：15 克；
油：20~25 毫升；
奶：350~500 毫升；
盐：<3 克

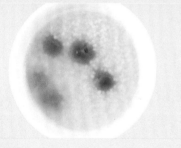

2~3 岁：
参考食谱 1

上午 8:00　奶 200 毫升，桂圆小米粥 1 小碗，1 个鸡蛋黄

10:00　5~6 片饼干，50 毫升酸奶

中午 12:00　软饭 1 小碗，猪肝炒青椒胡萝卜 1 小盘，菜叶汤半碗

下午 15:00　火龙果半个，蛋糕 1 块

18:00　花卷 1 个，豆腐炒青蒜肉片 1 小盘

晚上 21:00　奶 150~200 毫升

参考食谱 2

上午 8:00　奶 200 毫升，二米粥 1 小碗，1 个鸡蛋，1 个小花卷

10:00　5~6 片饼干，100 毫升酸奶

中午 12:00　肉末芹菜包子 3 个，菜叶汤 1 碗

下午 15:00　苹果 1 个，蛋糕 1 块

18:00　花卷 1 个，黄瓜木耳炒青蒜肉片 1 小盘，豆浆 1 碗

晚上 21:00　奶 150~200 毫升

参考食谱 3

上午 8:00　奶 200 毫升，大米绿豆南瓜粥 1 碗（100 克），鸡蛋 1 个，小豆包 1 个（约 50 克）

10:00　酸奶 100 毫升，小蛋糕 1 块

中午 12:00　软饭 1 碗，青蒸鱼 1 小盘，肉片炒豆腐 200 克，鲫鱼汤 1 碗

下午 15:00　香蕉 1 根，小饼干 5~6 片

晚上 21:00　奶 150~200 毫升

今天吃什么？不想思考，我们帮你思考……

4~5 岁：

参考食谱 1

上午 7:00 二米粥 1 小碗，煮鸡蛋 1 个，拌黄瓜丝 1 小盘

10:00 牛奶 200 毫升，饼干 3 块

中午 12:00 馒头 1 个，肉末烧白菜，菠菜豆腐汤 1 小碗

下午 15:00 水果 150 克，奶 100~250 毫升

18:00 米饭 1/2~1 小碗，红烧牛肉炖土豆、西蓝花菇汤各 1 小碗

菠菜先焯水去除部分草酸。

参考食谱 2

上午 7:00 花卷 1 个，牛奶 150 毫升，西红柿炒蛋 1 小盘

10:00 酸奶 100 毫升，饼干 3 块

中午 12:00 米饭 1/2~1 小碗，笋瓜炒肉片 1 小碟，香菇炒芹菜 1 小碟，紫菜蛋汤 1 小碗

下午 15:00 牛奶 150 毫升，香蕉 1 根

18:00 米饭 1/2~1 小碗，香菇炒芹菜 1 小碟，鱼圆汤 1 小碗

参考食谱 3

上午 7:00 鸡蛋饼 1 个，杂粮粥 1 小碗，蚝油生菜 1 小盘

10:00 奶 200 毫升，饼干 3 块

中午 12:00 米饭 1/2~1 小碗，菠菜炒鸡蛋（菠菜 50 克，鸡蛋 30 克），鲫鱼汤 1 碗

下午 15:00 面包片 2 片，水果 100~150 克

18:00 荠菜香菇虾仁水饺 1 小碗，酸奶 200 毫升

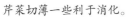
芹菜切薄一些利于消化。

香菇炒芹菜

用料：香菇、芹菜、胡萝卜、植物油、盐、蒜、水淀粉各适量

制作方法：

1. 香菇去杂质后放水里洗净泥沙；洗好的香菇每朵切成四小块；芹菜洗净切段，胡萝卜洗净切片，蒜洗净切片备用。

2. 炒锅上火，倒入植物油烧热，下蒜片煸出香味。

3. 放入香菇、芹菜、胡萝卜翻炒一会至香菇绵软出汁。

4. 调入盐翻炒均匀，用少量水淀粉勾芡即可出锅。

让宝宝养成良好的进食习惯

在很多家庭里都能看到这样一个情形：宝宝在跑、在玩，后面跟着老人家或者父母哄着："来，宝宝吃一口"。相信追着喂饭在无数家庭里都存在着，有些甚至到了四五岁的孩子仍然是靠家长追着喂饭的。不少家长很头痛：为什么宝宝就是不肯乖乖坐着吃饭呢？那就要从培养宝宝良好的进食习惯开始说起了。

固定吃饭的时间和地点

不要延长吃饭时间。宝宝的吃饭时间和大人一样，每餐吃 20~30 分钟，只要宝宝专心吃饭，这么长时间就足够了。对于喜欢边吃边玩的宝宝，妈妈要控制他的吃饭时间，时间一到，即使吃不完也要把饭菜拿走，让宝宝知道饭菜是过时不候的，要专时专用。

宝宝餐具专属专用

宝宝的碗筷最好是单独的，避免交叉感染。同时，为了让宝宝对吃饭感兴趣，可以让宝宝参与选择合适的餐具。妈妈带着大一些的宝宝选购餐具，让他置身于五彩斑斓的小碗、小勺的世界，让宝宝熟悉他的新朋友。对于自己精挑细选的小碗，宝宝肯定会爱不释手，进而可以增加宝宝吃饭的兴趣。

父母的态度很重要

大家都知道，对于宝宝来说，吃饭是件很重要的事。那么如何才能培养起宝宝认真吃饭的好习惯呢？父母的态度决定着宝宝的习惯，因此，一定要注意你的一言一行。

 进餐时父母态度要平和

进餐时对宝宝不要过分迁就，否则会加重其消极心理，对偏食、挑食起助长作用。父母情绪平静、和气，平时遇到不顺心的事，不可训斥、恐吓、惩罚，否则会使宝宝产生逆反心理，甚至拒绝吃饭。

 顺其自然，不强迫宝宝

在孩子食欲不振时少吃一顿并无多大妨碍，多数孩子饿了就会产生食欲，自然会吃。有些父母担心孩子营养不良，强迫孩子多吃，并严厉训斥、非吃不可，这样可能会逐渐形成顽固性厌食。

培养孩子独立进餐的习惯

这个阶段的孩子可以自己使用筷子或勺子进食，家长可以放手，让孩子自主进食，以利于增加孩子的进食兴趣，培养孩子自信心和独立能力。避免就餐时的干扰，不要让孩子边吃边玩，边吃边看电视。

挑选宝宝餐具四要点

颜色：以纯色为主。

无毒：选择无毒材质的餐具，购买前仔细查看商品的材质标志。

耐热：餐具一定要耐热，妈妈挑选时应看清包装上注明的耐受温度。

尺寸：适合宝宝小嘴小手。

宝宝饮食注意事项

·合理安排饮食，一日三餐加1~2次加餐，定时、定量用餐，避免暴饮暴食。

·孩子饭菜要可口，考虑营养的同时还要结合孩子的饮食习惯。

·饭前不要进食过多的零食，如油炸薯条、糖块等。

·饭前洗手、饭后漱口，吃饭前不做剧烈运动。

·要清楚孩子的大约进餐量，避免摄入过少或过多。不要给孩子盛太多，尤其是已经超重或肥胖的孩子。

·吃饭时可以适量喝汤，但不要喝太多的汤汤水水，以免过多汤水造成消化酶的稀释，影响食物的消化和吸收，尤其是对于消瘦的孩子。

·不应将食物作为孩子完成某项任务的奖励，家长以身作则，言传身教，做好表率，帮助孩子养成良好的饮食习惯和行为，使孩子受益一生。

此外，要注意口腔卫生，饭后漱口，睡前刷牙，预防龋齿，也能防止口腔产生异味。

引导宝宝注意卫生，饭前一定要洗手。

6~12岁，已经是个小大人

这个阶段的孩子，饮食应该尽量多样化，保证营养齐全，并且做到清淡饮食，要经常吃含钙丰富的奶及奶制品和大豆及大豆制品，以保证钙的足量摄入，促进骨骼的发育和健康。经常吃含铁丰富的食物，同时搭配富含维生素 C 的食物，如新鲜的蔬菜和水果，以促进植物来源的铁在体内的吸收。并进行户外活动以促进皮肤合成维生素 D，利于钙的吸收和利用。

小大人也要坚持喝奶

为了满足骨骼生长的需要，要坚持每天喝奶及奶制品 300 毫升以上，可以选择鲜奶、酸奶或奶酪。同时要积极参加户外活动，促进钙的吸收与利用。

规律的饮食，必不可少

一日三餐的时间应该相对固定，做到定时定量，进餐时细嚼慢咽。早餐提供的能量应占全天总能量的 25%~30%，午餐占 30%~40%，晚餐占 30%~35% 为宜。午餐在一天中起着承上启下的作用，要吃饱吃好，在有条件的地区，提倡吃营养午餐。晚餐要适量。要少吃高盐、高糖或高脂肪的快餐，如果要吃快餐，尽量选择搭配有蔬菜、水果的快餐。

零食可以有，但是要健康

有人说，没有零食的童年是有缺陷的。零食当然要有，但是选择很重要。选择卫生且营养丰富的食物作为零食，有利于孩子的成长。

水果和能生吃的新鲜蔬菜都含有丰富的维生素、矿物质和膳食纤维；奶类、大豆及其制品可为孩子提供充足的蛋白质和钙；至于坚果，比如花生、瓜子、核桃等，富含蛋白质、多不饱和脂肪酸、矿物质和维生素 E。谷类和薯类，如全麦面包、麦片、煮红薯等也是不错的零食选择。切记，油炸、高盐或高糖的食品不可作为零食。

不偏食节食、不暴饮暴食

有些孩子在家长的引导下，已经有了"身材"的意识，进而会通过节食来控制体重。这对于孩子的成长是十分不利的。如果孩子稍肥胖，要避免盲目节食和采用一些非常极端的减肥方式。俗话说"胖子不是一口吃出来的"，胖子同样也不能通过一时半会儿减下去。

在日常生活中，家长要注意，给孩子正确的引导方向，避免暴饮暴食，规律地进餐，吃饭速度放慢，以增加饱腹感。家长自身也要养成合理的饮食行为，做到以身作则。同时，早发现、早纠正孩子的偏食、挑食行为，调整好食物结构，增加食物多样性，提高孩子对食物的接受程度。

不同年龄儿童的膳食组成

（单位：克／天）

食物组	7~10 岁	11 岁以上
谷薯类	150~200	225~250
全谷物和杂豆类	25~50	30~70
蔬菜	300	400~450
深色蔬菜	至少占蔬菜总量的 1/2	
水果	150~200	200~300
畜禽肉类	40	50
蛋类	25~40	40~50
水产品	40	50
乳类	300	300
大豆	15	15~25
坚果	—	5~7

选择零食有讲究

　　作为一名合格的家长，在给宝宝选购零食时，必须要有所取舍。选择零食大有讲究。第一，要有营养，健康。不能仅仅根据口味、外观和孩子喜好而选择，很多不健康的零食往往看上去颜色鲜艳，味道很不错，但是很不健康；第二，不选或少选油炸、烧烤、腌制、含糖多、含盐多的零食；第三，不选含糖饮料，少选或不选果汁，不选含酒精的饮料。

不要选错零食

　　很多宝宝都喜欢吃零食，可家长们对零食的态度却是无奈：不给吃，孩子馋得慌；给吃，又怕影响他的食欲，还怕吃出个肥胖儿或营养不良宝宝。

　　相信很多妈妈都知道，有的零食不但不是宝宝的好朋友，还可以成为威胁宝宝健康的大敌，那么究竟该如何正确地给宝宝吃零食呢？

　　合理、科学选择零食，对幼儿和儿童的健康都有着重要影响。

　　很多家长给孩子选择零食时仅仅考虑零食的口味或外观，或者仅仅是听从孩子的意愿，并没有考虑到营养问题，这样就会让孩子养成吃不健康零食的习惯，造成孩子对健康营养零食的抵触。例如，孩子进食了含糖饮料，可能就不喜欢白开水了；喝了酸酸乳之类的饮料，就不再喜欢纯奶类食物了；吃了蛋黄派之类的就不喜欢吃饭了；喝了果汁就不愿意吃水果了……有的孩子进食过多的零食，会直接影响正餐的食用量。

　　加上一些商家的产品宣传广告大肆渲染零食的美味，使孩子在选择零食时有了更多的盲从性。下面是一个朋友的亲身经历。一个3岁多的孩子在看了电视广告之后，开始喜欢喝奶类的饮料，拒绝喝纯牛奶。这类儿童类饮料口味确实不错，孩子一旦喝可能就会喜欢上。然而，这类含糖饮料营养价值不高，主要是糖、水和添加剂调制出来的，蛋白质和其他营养素都很低，对孩子的健康很不利，喝多了会造成孩子出现偏食挑食，导致孩子营养不良，甚至影响孩子正常发育。

　　因此，为了孩子的健康，尽量给孩子选择营养健康的零食，远离影响孩子健康的零食，让孩子吃好零食。

零食陷阱

　　如今市场上，零食琳琅满目，选择美味又健康的零食可能让我们费尽心思，而为宝宝选择好的零食更是不容易。然而，很多商家或许看到了这一点，于是给零食来个好听的名称，来混淆我们的视线，让我们觉得这类零食是健康的，可通过分析，却发现原来是个陷阱。

远离反式脂肪酸。很多读者可能已经知道，摄入过多的反式脂肪酸会有害身体的健康，增加心血管疾病的发病率。所谓的反式脂肪酸，主要存在于人造黄油、人造奶油的糕点及油炸零食里。因此，我们应尽量避免或减少含有较多反式脂肪酸的食品如奶油、奶茶、沙拉等的摄入，尤其是婴幼儿。应尽量让孩子远离这些零食，尤其是容易肥胖或已经肥胖的儿童。

"零脂肪"的饮料不是零热量。一般饮料中宣称不含脂肪，可仔细分析一下营养标签，会发现该饮料的宣传仍然是个"陷阱"。一瓶 500 毫升的饮品含有能量接近 1465 千焦（约 350 千卡，大致相当于 100 克生大米或 250 克蒸熟米饭的能量）。我们喝 1 瓶这样的饮料并不难，但要是吃下 250 克熟米饭却并不容易。"零脂肪"的饮料也并非是健康的饮品，含脂肪的奶类（包括纯牛奶、酸奶、低脂奶等）相对更健康。

不加糖的"纯果汁"并不好。相对加糖的果汁或用添加剂调配的果汁味饮料，不加糖的纯果汁越来越受青睐。很多纯果汁宣称不加糖，不含添加剂，这让很多人觉得纯果汁属于健康饮品。事实上，果汁在榨制过程中，膳食纤维已经丢失很多，维生素 C 也容易被破坏，纯果汁成了水果的浓缩品。而纯果汁本身含糖量已经很高，不加蔗糖的纯果汁能量也不低。同时，相对于水果，果汁吸收较快，升血糖也快，容易在体内储存起来转化成脂肪，而增加肥胖的风险。

美国儿科学会最新推荐 1 岁以内的婴儿不喝果汁，而澳大利亚的婴儿喂养指南也不建议给 1 岁以内的婴儿喝任何果汁。因此，为了孩子的健康，最好不给 1 岁以内的宝宝喝果汁，1 岁以后的幼儿或儿童也应尽量减少或控制果汁的摄入，每天不超过 180~240 毫升，且需要稀释。

零食的摄入要求

学龄前儿童新陈代谢旺盛，活动量多，所以营养素需要量相对比成人多。水分需要量也大，建议学龄前儿童每日摄入充足的水。其饮料应以白开水为主。目前市场上许多饮料含有葡萄糖、碳酸、磷酸等物质，过多地饮用这些饮料，不仅会影响孩子的食欲，使儿童容易发生龋齿，而且还会造成过多能量摄入，不利于儿童的健康成长。

零食是学龄前儿童饮食中的重要内容，应予以科学、合理的选择和安排。一日三餐两点之外添加的食物属于零食，用以补充能量和营养素的不足。零食品种、进食量以及进食时间是需要特别考虑的问题。

在选择零食时，建议多选用营养丰富的食品，如乳制品（液态奶、酸奶）、鲜鱼虾肉制品（尤其是海产品）、鸡蛋、豆腐或豆浆、各种新鲜蔬菜、水果及坚果类食品等，少给宝宝食用油炸食品、糖果、甜点等。

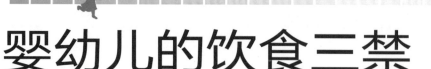

婴幼儿的饮食三禁

一"禁"：偏食

"我每天不得不追在宝宝屁股后面喂他吃饭！""宝宝吃得很少很慢，喜欢含在嘴里，饭菜都冷了他还没吃完！"面对许多父母的困惑，中美两国医学专家表示：家长本身的一些不恰当行为，如喂养过度关注、强迫进食、饭桌上的逼哄骗等，都可能加剧儿童挑食、偏食现象。而如果父母本身就偏食的话，孩子就会"有样学样"，更加偏食。当然，我们每个人都对食物有偏好，有一些自己确实不喜欢吃的，也没有关系，不是说非让孩子接受所有食材。

TIP

父母在教育宝宝的过程中，一定要以身作则。首先保证自己的言行，然后再去管教宝宝。"父母是孩子最好的老师。"

父母偏食，宝宝容易"有样学样"

如果家长自身存在偏食行为，儿童下意识"模仿"也会导致偏食行为难以控制。

儿童饮食问题，可能导致营养不良、发育迟缓等一系列健康问题。而对于挑食和偏食，药物治疗疗效甚微，行为矫正更加重要。我们就此开出以下"药方"：可以让宝宝适度体验饥饿，可以允许他不吃，减少进餐分心。此外，用市面上各种类型的模具把食品做成有趣的形状能从视觉上刺激孩子食欲。父母可以参考采取以下方法解决儿童挑食、偏食行为：

（1）让宝宝体验饥饿，随后获得饱感。

（2）限制两餐之间的饮食总热量，餐前一小时不喝饮料和吃点心。

（3）进餐时间不超过 30 分钟，每餐间隔 3.5~4 小时。

（4）慢慢调整孩子不喜欢食物和喜欢食物的比例，把不喜欢和喜欢食物从 1:1 变为 2:1 或更多，使不喜欢变为喜欢。

（5）当孩子有扔掉汤匙、哭闹、转头等行为时，家长采取暂时隔离法，移开食品，把孩子放进餐椅不理他。

（6）到菜场或超市时让孩子参与采购食材。

（7）让孩子多次尝试新的或不喜欢的食物，有时需要很多次才会有效果。

二 "禁"：蹲食

在陕西关中地区，吃饭的时候，村头树下，房前屋后，大人小孩都喜欢蹲着吃饭，这被称为八大怪之一。直至今天有的地方仍然习惯蹲着吃饭。为了养成良好的饮食习惯，最好让孩子坐餐椅就喂。

蹲食的影响

蹲着吃饭，时间长了，腹部和下肢受压迫，下肢酸痛麻木，会影响到进食。蹲着吃饭，把碗碟放在地面上，人们走来走去或遇刮风时，都会把尘土扬起来落到饭菜上，尘土上的脏物及微生物容易污染到食物。

三 "禁"：咸食

百味盐为主，盐可谓调味品中的老大。在现代膳食中，儿童钠盐摄入量逐渐增加，其中既有家庭一日三餐的盐超量，也有零食中含钠盐增多。为了孩子的健康，不宜摄入过多的盐，饮食应该以清淡为主。

太咸易致病

太多盐的摄入，一方面增加今后患高血压的风险，还可能增加患胃癌等疾病的风险。为了宝宝的健康，1 岁以内的宝宝不宜额外吃盐，2~3 岁的孩子每天盐摄入不超过 2 克，4~5 岁的孩子不超过 3 克，7~11 岁儿童不超过 4 克盐，为了让孩子达到这个目标，家长需要先做好表率。

世界卫生组织 (WHO)2013 年发布一份新的盐摄取指南，建议成年人每日钠元素摄取量应低于 2000 毫克，即相当于盐摄取量不超过 5 克，同时建议人们在日常饮食中多吃富含钾元素的食物。而目前中国城乡居民平均每人每日摄盐 10.5 克，远远高于 WHO 的推荐量。大量研究早已表明，吃太咸可诱发高血压、心脑血管病、骨质疏松、胃病、免疫病等多种疾病。

TIP

无论是蹲食还是咸食，这些习惯的养成和父母是脱不了干系的。为了宝宝的健康成长，一定要有一个健康的生活方式！

项目	幼儿（岁）		儿童少年（岁）		
年龄	2~	4~	7~	11~	14~
盐（克／天）	<2	<3	<4	<6	<6
水（毫升／天）	总 1300	总 1600	1000~1300	1200~1400	1500~1700

资料来源：中国营养学会编著，《中国居民膳食指南 2016》

第二章
五谷杂粮，奶以外的味道

在《中国居民膳食指南 2016》里，中国营养学会推荐"食物多样，谷类为主"。要做到食物多样，一般人群要摄入 12 种以上的食物，每周 25 种以上。谷类为主就是说谷薯类食物所提供的能量占膳食总能量的一半以上。谷类食物是提供人体所需能量的最经济和最重要的食物来源，同样对儿童青少年生长发育，维持人体健康发挥了重要的作用。

然而，在近 30 年，我国居民谷类消费逐年下降，动物性食物和油脂摄入量逐年增加，导致能量摄入过剩，儿童超重和肥胖率也在逐年增加。谷类食物加工过于精细，导致 B 族维生素、矿物质和膳食纤维流失，这增加了慢性病的发病风险。适量增加全谷类食物的摄入，有利于预防 2 型糖尿病、心血管疾病、结直肠癌等。

TIP

白天一日三餐，定时定点。每次宝宝不吃了就拿走，不要凉了再热，热了再喂，一顿饭吃很长时间。

为什么宝宝面食、米饭都不吃

案例 1：宝宝 16 个月，8 个月时开始加辅食，刚开始只有蛋黄和少量的米粉，后来逐渐加了面条和米饭，但宝宝一直不吃，换了其他花样宝宝也不吃。奶粉一直喝，夜里有时候要喝 4 次。这该怎么办？

案例 2：宝宝快 3 岁了，母乳喂养直至 18 个月。每夜都会最少加喂一次，多的时候有三四次的。6 个月加的辅食，刚开始胃口很好，从 1 岁多开始就不爱吃辅食了。我换了很多花样，宝宝都很排斥。这需要做哪些检查呢？

儿科营养师跟妈妈说

1 岁的宝宝对食物的要求，不仅限于奶类了，否则可能导致营养跟不上生长发育的需要，也不利于培养宝宝自己进食的能力，以及养成良好的饮食习惯。

宝宝的食欲是需要家长逐渐培养的，每次添加辅食，都要适应宝宝年龄段、月龄段的需要，一直让宝宝保持良好的食欲和好奇感。如果宝宝一直对食物充满兴趣，就会不断地尝试新辅食，而且 1 岁的宝宝基本不再把乳品作为主食来喂养了。如果宝宝还是全靠奶为食，就要重视了。除了 3 顿正餐和下午的小点心，晚上不要再起来喂奶。

而你的宝宝白天基本不吃，晚上起来吃 4 次奶粉，和婴儿期一样的喂养法，对宝宝的生长发育可能是有影响的。幼童晚间睡觉，是长身体的最佳时段，睡 1 小时后，生长激素分泌开始增多，近 50% 的生长激素是在深睡眠时分泌。睡得好长得快，长得高。人体的很多大脏器细胞在晚间需要进行休整。所以家长当务之急是改掉宝宝晚上吃 4 次奶粉的习惯。晚上睡前 1 个小时喂 1 次奶，并注意口腔卫生，宝宝夜里就不用进食了。

刘医生教你增强宝宝食欲。

面食和米饭各具营养

生活在南方的朋友大都以米作为主食，而生活在北方的朋友则以面食为主。两类食物都有着各自的营养价值。

发酵的面食营养成分更高

面食的主要营养成分有碳水化合物、蛋白质、B 族维生素等，更易于消化吸收。发酵后的馒头则比面条、大饼这些没发酵的食品营养更为丰富，原因就在于所使用的酵母，增加了一些 B 族维生素的含量。研究证明，酵母不仅改变了面团结构，让其变得更松软好吃，还增加了营养价值。但是，有利也有弊，发酵以后的面食对血糖影响更大，尤其是像发糕一样加糖发酵的面食。在临床上发现，一些糖尿病小朋友吃了白馒头以后，餐后血糖明显升高，后来就不再给这些小朋友提供发酵馒头了，换成蒸饺等其他食物，血糖平稳多了。所以，发酵的面食容易消化吸收，对于消化功能还不够完善的婴幼儿，可以作为主食之一。但大一些的小朋友，最好选择吃全麦馒头或面包。

米、面科学搭配营养更充分

大自然提供给人类的食物是多种多样的。各种食物所含的营养成分不完全相同，每种食物都至少可以提供一种营养物质。除母乳针对 0~6 月龄婴儿外，任何一种天然食物都不能提供人体所需的全部营养素。平衡膳食必须由多种食物组成，才能满足人体各种营养需求，达到合理营养、促进健康的目的。因此，米、面可以搭配着吃。

大米和面粉成分对照表

成分名称	大米	面粉
可食部（克）	100	100
能量（千焦）	1450	1448
碳水化合物（克）	77.9	72.4
蛋白质（克）	7.4	12.7
水分（克）	13.3	12.9
钙（毫克）	13	8
钠（毫克）	3.8	21.5

TIP

早上起来，宝宝的胃口可能不是很好，可以吃些馒头、花卷，加些玉米。也可以把面粉、鸡蛋和蔬菜搭配一起做成蔬菜鸡蛋饼、蒸饺等营养均衡的食物。

这些对谷物的认知是错的

大米、面粉越白越好

稻米和小麦研磨程度高所生产的大米和面粉比研磨程度低的要白一些，吃起来口感要好一些。但从营养学角度讲，大米、面粉并不是越白越好。如果加工过细，成为常说的精米精面，就损失了大量营养素，特别是 B 族维生素和矿物质。当食物种类相对比较少时，更应避免将加工过精的大米、白面作为唯一主食，以免造成维生素和矿物质缺乏，尤其是维生素 B_1 缺乏引起的"脚气病"。

吃碳水化合物容易发胖

近年来，很多人认为富含碳水化合物类食物如米饭、面制品、马铃薯等会使人更容易发胖，这种说法是不确切的。

造成肥胖的真正原因是能量过剩。在碳水化合物、蛋白质和脂肪这三类产能营养素中，脂肪摄入过多更容易造成能量过剩。相对于碳水化合物和蛋白质，富含脂肪的食物口感更好，能刺激人的食欲，使人容易摄入更多的能量。对不限制进食的人群研究中也发现，当提供高脂肪食物时，受试者需要摄入较多的能量才能满足他们食欲的要求；而提供高碳水化合物低脂肪食物时，则摄入较少能量就能使食欲满足。

正确认识谷物，才能吃出健康。

因此，适量进食富含碳水化合物的食物，如米、面制品，饮食总能量不过剩就不会使人发胖。但应注意，摄入全谷类食物更加健康而且有利于控制体重，而富含碳水化合物，尤其是精细的米、面摄入过多对健康不利，当摄入总能量超出人体消耗时，这些碳水化合物会转化成脂肪储存起来。

主食吃得越少越好

米饭和面食含碳水化合物较多，摄入后可转变成葡萄糖进入血液循环并生成能量。碳水化合物是人体不可缺少的营养物质，在体内释放能量较快，是红细胞唯一可利用的能量，也是神经系统、心脏和肌肉活动的主要能源，对构成机体组织、维持神经系统的正常功能、增强耐力、提高工作效率都有重要意义。

无论是碳水化合物还是蛋白质和脂肪，摄入过多都会变成脂肪在体内储存。食物碳水化合物的能量在体内更易被利用，食物脂肪更易转变为脂肪储存。因此，为了控制体重和预防疾病，主食摄入少甚至不吃主食是不正确的。

什么是全谷物、杂豆、薯类

全谷物，是指没有经过精细加工或虽然经过碾磨、粉碎、压片等处理仍保留了完整谷粒所具备的胚乳、胚芽、麸皮及其天然营养成分的谷物。与精制谷物相比，全谷类可以提供更多的 B 族维生素、矿物质、膳食纤维等营养成分和有益健康的植物化合物。

杂豆是指除大豆之外的红豆、绿豆、芸豆、花豆等。杂豆的营养也比较丰富，蛋白质、膳食纤维、钙、铁含量较高。

薯类是指马铃薯、红薯、山药等，这类食物可以作为主食的组成部分，既可以直接作为主食，如烤或煮红薯、红薯粉、土豆粉，也可以与其他谷类搭配烹调，如红薯大米粥，还可以与蔬菜和肉类搭配烹调，如土豆烧牛肉、木耳炒山药等。

精细谷物与全谷物营养成分（每 100 克可食部）

食物	蛋白质（克）	维生素 B_1（毫克）	维生素 B_2（毫克）	烟酸（毫克）	维生素 E（毫克）	铁（毫克）	锌（毫克）	膳食纤维（克）
精制大米	7.3	0.08	0.04	1.1	0.2	0.9	1.07	0.4
精制小麦粉	13.3	0.09	0.04	1.01	Tr	Tr	0.94	0.3
全麦	13.2	0.50	0.16	4.96	0.71	3.6	2.6	10.7
糙米	7.9	0.40	0.09	5.09	0.59	1.47	2.02	3.50
燕麦	16.9	0.76	0.14	0.96	—	4.72	3.97	10.6
荞麦	9.3	0.28	0.16	2.2	0.9	6.2	3.6	6.5
玉米	8.5	0.07	0.04	0.8	0.98	0.4	0.08	5.5
小米	9	0.33	0.1	1.5	0.3	5.1	1.87	1.6
高粱	10.4	0.29	0.1	1.6	1.8	6.3	1.64	4.3
青稞麦仁	8.1	0.34	0.11	6.7	0.72	40.7	2.38	1.8
黑麦	9	0.37	1.7	1.7	1.15	4	2.9	14.8

资料来源：美国农业部数据库

该吃多少全谷类

2 岁以内的宝宝还是以吃精细的食物为主，可以少吃点全谷类和杂豆糊糊，如黑米、红豆糊糊。2 岁以后就要适量增加全谷类和杂豆类摄入了，占的比例可在 1/4~1/2 不等。既可以每餐适量安排点全谷类食物，也可以在 1~2 餐安排一些全谷类的食物；既可以把全谷类与精细的谷类混合烹调，也可以分开。

不同人群谷薯类食物建议摄入量

食物类别	单位	幼儿（岁）			儿童青少年（岁）	
		2~	4~	7~	11~	14~
谷类	克 / 天	85~100	100~150	150~200	225~250	250~300
	份 / 天	1.5~2	2~3	3~4	4.5~5	5~6
全谷物和杂豆	克 / 天	适量			30~70	50~100
薯类	克 / 天	适量			25~50	50~100
	份 / 周	适量			2~4	4~8

注：能量需要量水平计算按照 2 岁~（1000~1200 千卡 / 天），4 岁~（1200~1400 千卡 / 天），7 岁~（1400~1600 千卡 / 天），11 岁~（1800~2000 千卡 / 天），14 岁~（2000~2400 千卡 / 天）。食材重量为生重。

资料来源：中国营养学会编著，《中国居民膳食指南 2016》

五谷辅食变变变

合理搭配更营养。

一定要把鱼刺除干净。

辅食注意多样化。

红薯红枣蛋黄泥

用料：红薯，红枣，熟鸡蛋黄。

制作方法：1.将红薯洗净去皮，切块；红枣洗净去核，切成碎末。

2.将红薯块、红枣末放入碗内，隔水蒸熟。

3.将蒸熟后的红薯、红枣以及熟鸡蛋黄加适量温水捣成泥或用搅拌机打成泥，调匀即可。

推荐年龄：7~8 月龄

青菜鱼泥米粉

用料：青菜，海鱼，米粉，植物油。

制作方法：1.海鱼洗净，蒸熟，取出肉，将鱼刺剔除，压成泥蒸熟；青菜洗净煮熟，然后放入搅拌机搅成泥或末。

2.取适量的婴儿米粉，用温开水冲调。将青菜末、鱼泥一同放米粉里，可加入少量植物油，搅拌均匀即可。

推荐年龄：7~8 月龄

笋瓜肉泥米粉

用料：笋瓜，猪瘦肉，米粉，植物油。

制作方法：1.笋瓜和猪瘦肉分别洗净，煮熟，切小块，放入搅拌机打成碎泥或末。

2.将笋瓜末和猪肉泥或末一同放米粉里，可加少量的植物油，搅拌均匀即可。

推荐年龄：7~8 月龄

营养师小叮咛：红薯含有丰富的碳水化合物，还富含可溶性膳食纤维，有利于防止宝宝便秘。

营养师小叮咛：鱼肉富含蛋白质，海鱼还含有丰富的DHA，肉质比较细嫩，可常给宝宝吃。

营养师小叮咛：不断给宝宝尝试各类辅食，在婴儿期辅食接受的种类越多，宝宝越不容易挑食。

鸡蛋黄一定要煮熟透。

南瓜蛋黄米粉

用料：南瓜，鸡蛋，婴儿米粉，植物油。

制作方法：1.南瓜去皮、去籽、切小块，并装入碗中，上锅蒸熟；鸡蛋煮熟，取蛋黄，用勺子碾碎；蒸熟的南瓜倒入搅拌机中，搅打成泥。

2.取适量的婴儿米粉，用温开水冲调。取南瓜泥和捣碎的蛋黄放冲调的米粉里，加入少量植物油，搅拌均匀即可。

推荐年龄：7~8 月龄

营养师小叮咛：南瓜富含碳水化合物、β－胡萝卜素，蛋黄营养价值较高，可作为宝宝的辅食。

胡萝卜肉泥米粉

用料：胡萝卜，猪瘦肉，米粉，植物油。

制作方法：1.胡萝卜洗净煮或蒸熟，切小块，放搅拌机搅成泥或蓉；猪肉洗净煮熟，切小块，放搅拌机搅成泥。

2.取适量的婴儿米粉，用温开水冲调。

3.将胡萝卜末和肉泥一同放入调好的米粉里，可加入少量植物油，搅拌均匀即可。

推荐年龄：7~8 月龄

营养师小叮咛：肉类富含优质蛋白、铁、锌等，是补铁、补锌的良好食材。

蛋黄玉米泥

用料：鸡蛋，鲜嫩玉米。

制作方法：1.玉米粒洗净，用搅拌器打成泥；鸡蛋煮熟取蛋黄。

2.将玉米泥放入锅中，加适量水，大火煮沸后转小火煮 5 分钟，将蛋黄捣碎溶到玉米泥里。

推荐年龄：7~8 月龄

营养师小叮咛：玉米属于全谷类食物，口感也不错，可以打成泥，和蛋黄搭配，味道更好。

豆腐青菜肉末粥

用料：大米，豆腐，小油菜，肉末，植物油。

制作方法：1. 大米淘净，加适量水熬成粥。

2. 豆腐切成片，小油菜洗净切碎。

3. 将肉末用油炒一下，放入豆腐片、小油菜，然后倒入煮熟的粥搅拌均匀。

推荐年龄：9 月龄以后

小米红枣粥

用料：小米，红枣。

制作方法：将红枣洗净、泡软，掰开，去核，与淘净的小米同煮成粥。

推荐年龄：9 月龄以后

燕麦粥

用料：大米，燕麦，香蕉片。

制作方法：1. 大米和燕麦按 1:1 的比例分别洗干净。

2. 将大米和燕麦、香蕉片一同放入电高压锅中，加适量水，熬煮成粥即可。

推荐年龄：9 月龄以后

营养师小叮咛：豆腐青菜肉末粥，将主食、肉类、豆腐、蔬菜等组合在一起，营养更加丰富。

营养师小叮咛：小米的营养价值高于大米，还含有丰富的胡萝卜素。

营养师小叮咛：燕麦属于全谷类食物，富含膳食纤维、铁等，婴幼儿期可以尝试一些全谷类粥或糊。

大米蛋黄粥

用料：大米，鸡蛋黄。

制作方法：1.大米洗净后备用。

2.将大米放入锅中，加水适量，大火煮沸后换小火煮 20 分钟。

3.待煮熟快起锅前，将鸡蛋打碎，取出蛋黄打散，倒入粥中搅匀。

推荐年龄：9 月龄以后

营养师小叮咛：蛋黄营养丰富，含有丰富的卵磷脂，有益于大脑发育。

小米粥

用料：小米(也可加些大米)。

制作方法：1.小米洗净备用。

2.将小米放入锅中加入适量水，大火煮成稠粥即可，或用电高压锅的煮粥模式。

推荐年龄：9 月龄以后

营养师小叮咛：比起大米，小米的营养价值更高，维生素 B₁为大米的 3 倍，铁为大米的 2 倍。

杂粮糊

用料：大豆，绿豆，红豆，花生豆，薏苡仁，红薯，红枣。

制作方法：1.将各种豆类提前浸泡数个小时；红薯洗净、切块；红枣洗净，去核。

2.把所有食材倒入豆浆机里，加适量水。盖盖，打 20 分钟即可。

推荐年龄：9 月龄以后

营养师小叮咛：杂粮糊包括了大豆、杂豆、薯类等，营养丰富，也容易消化吸收。

南瓜粥

用料：南瓜，大米。

制作方法：1.南瓜洗净，去皮，切成小块。

2.大米洗净后，与南瓜块一起放入锅中，加水并用大火煮沸，转小火慢煮，煮至黏稠即可，也可以用电高压锅的煮粥模式。

推荐年龄：9月龄以后

 营养师小叮咛：南瓜与大米搭配煮成南瓜粥，甜甜的，可以作为宝宝的主食，需要做成稠粥。

山药粥

用料：山药，大米。

制作方法：1.山药洗净，去皮，切成小丁或小块。

2.大米洗净后，与山药一起放入锅中，加水并用大火煮沸，转小火慢煮，一同煮至黏稠即可。

推荐年龄：9月龄以后

营养师小叮咛：山药属于薯类，和土豆、红薯类似，含有丰富的淀粉，可以与大米搭配做成粥。

小米南瓜粥

用料：小米，南瓜。

制作方法：1.将南瓜洗净削皮，切成小块；小米洗净备用。

2.将小米、南瓜块一同放入锅中，加水适量，大火煮沸后换小火煮20分钟。

3.小米煮至黏稠，南瓜煮至软烂即可。

推荐年龄：9月龄以后

营养师小叮咛：南瓜含有丰富的 β - 胡萝卜素，它会转变为维生素 A。

黄瓜猪肝粥

用料：大米，猪肝，黄瓜，植物油。

制作方法：1.黄瓜洗净，放入搅拌机搅成末；猪肝洗净，切成细末。

2.大米洗净，加水大火煮沸后，转小火，将猪肝末放入，一同煮成黏稠的粥。

3.出锅前，放入黄瓜末，加入几滴植物油即可。

推荐年龄：9月龄以后

西蓝花鸡肉粥

用料：鲜鸡腿，西蓝花，大米，植物油。

制作方法：1.大米洗净，放在加入适量清水的锅里，开始煮。鲜鸡腿去骨，剁成碎末；西蓝花洗干净，放搅拌机搅碎。

2.先把西蓝花碎和鸡肉末用植物油炒熟，等到粥熬到适合的软度，再与粥混合搅拌均匀，加入几滴植物油即可。

推荐年龄：9月龄以后

毛豆米牛肉泥粥

用料：毛豆米，牛肉，大米，香油。

制作方法：1.锅中放水，加入洗净的大米，开始煮。

2.毛豆米洗净，放入搅拌机搅成糊；牛肉洗净，直接剁碎。

3.锅中的粥煮到一定程度时，加入毛豆米糊和牛肉碎，小火把牛肉碎和毛豆米糊熬熟，加入几滴香油即可。

推荐年龄：9月龄以后

营养师小叮咛：猪肝营养价值很高，富含蛋白质、铁、锌、维生素A等多种营养素。

营养师小叮咛：西蓝花属于营养价值比较高的蔬菜，不妨给宝宝尝试一下。

营养师小叮咛：毛豆米可以作为营养价值比较高的蔬菜来食用，可以打成泥或剁碎。

木耳菜豆腐粥

用料：木耳菜，豆腐，大米，香油。

制作方法：1. 木耳菜洗净剁碎，放入搅拌机打成碎末。

2. 豆腐切小块，放小碗中捣成泥。

3. 锅中放水，加洗净的大米，大火煮，快熟时放入所有的末，然后转小火煮至菜熟，粥黏稠时，加入几滴香油即可。

推荐年龄：9 月龄以后

青菜鳕鱼粥

用料：青菜，鳕鱼，大米，香油。

制作方法：1. 鳕鱼洗净，放入锅中蒸熟，然后剔出肉，压成泥备用。

2. 青菜洗净，放入搅拌机搅成碎末，备用。

3. 锅中加水，下大米，大火煮，快熟时放入青菜末和鳕鱼泥。小火煮至粥黏稠，加入几滴香油即可。

推荐年龄：9 月龄以后

黄瓜肉末木耳粥

用料：黄瓜，猪瘦肉，木耳，大米。

制作方法：1. 黄瓜、木耳和猪肉都洗净，分别放入搅拌机搅成末，备用。

2. 大米洗净，放入锅中，加适量水，煮粥。

3. 粥快熟时，加入黄瓜末、肉末和木耳末。也可以将黄瓜末、猪肉末、木耳末炒一下再与粥混合。

推荐年龄：9 月龄以后

营养师小叮咛：木耳菜叶子肥厚，营养价值不菲，可以与豆腐、大米一起搭配做成木耳菜豆腐粥。

营养师小叮咛：鳕鱼属于海鱼，鱼肉细嫩，含有丰富的优质蛋白，脂肪含量不高，约 0.5%。

营养师小叮咛：木耳属于菌菇类，但不容易消化，给宝宝吃时最好提前浸泡彻底。

荠菜鸡肉面

用料：荠菜，鸡肉，儿童面条。

制作方法：1. 鸡胸脯肉切成块，荠菜剁碎备用。

2. 将肉倒入水中，大火烧开转小火，煮 40 分钟。

3. 捞出鸡肉用搅拌机打碎成肉末，重新放入锅中。

4. 儿童面条断成 5 段，放入汤中，荠菜碎也同时放入，10 分钟后起锅。

推荐年龄：9 月龄以后

西红柿蛋黄粥

用料：西红柿，鸡蛋，大米，植物油。

制作方法：1. 西红柿洗净，烫一下去皮，切成丁，先用植物油炒一下。

2. 鸡蛋煮熟，取出蛋黄，捣碎。

3. 大米洗净，放入锅中，加水煮到一定程度，然后放入西红柿丁和鸡蛋黄，煮至黏稠即可。

推荐年龄：9 月龄以后

菠菜鱼肉粥

用料：菠菜，鱼肉，大米，香油。

制作方法：1. 菠菜焯水，然后切成碎末；将鱼清理干净，放锅中蒸熟，把肉剔出来，捣成鱼泥，一定不要有刺。

2. 将大米淘洗一下，煮成粥。

3. 将菠菜末、鱼泥放入粥锅里，搅拌均匀，加入几滴香油即可。

推荐年龄：9 月龄以后

营养师小叮咛：荠菜属于绿叶蔬菜，营养价值较高，荠菜饺子、荠菜馄饨都很受欢迎。

营养师小叮咛：西红柿是比较常用的食材，还富含西红柿红素，婴儿也可以尝试西红柿。

营养师小叮咛：菠菜营养丰富，但含有草酸，提前焯水，有利于去除一定的草酸。

紫菜豆腐粥

用料：豆腐，紫菜，大米，香油。

制作方法：1.大米淘洗干净备用，将豆腐洗净，切成小丁；紫菜漂洗干净，切碎。

2.大米加水熬成粥，加入豆腐丁、紫菜碎，转小火再煮至豆腐丁和紫菜碎熟，加几滴香油即可。

推荐年龄：9 月龄以后

香菇彩椒肉末软饭

用料：香菇，彩椒，猪瘦肉，大米，植物油。

制作方法：1.大米淘洗后，加适量的水，煮成软米饭；猪肉洗净，切成细末；香菇洗净，直接剁碎；彩椒剁碎。

2.锅中倒植物油，放入肉末炒到八成熟，然后放香菇碎和彩椒碎，炒熟。把现做的软米饭盛到餐盘里，浇上菜肴即可。

推荐年龄：10 月龄以后

笋瓜炒肉末软饭

用料：笋瓜，猪瘦肉，植物油，熟软米饭。

制作方法：1.笋瓜去皮，洗净，切成小块，放入搅拌机打成碎末；猪肉洗净，切成细末。

2.锅中倒植物油，放入肉末炒八成熟，然后放笋瓜末，炒熟。把软米饭盛到餐盘里，浇上菜肴即可。

推荐年龄：10 月龄以后

营养师小叮咛：紫菜富含蛋白质、碘等营养成分，紫菜豆腐粥，让孩子可以摄入一定量的碘。

营养师小叮咛：宝宝不能吃辣椒，但可以试试彩椒，彩椒有多种颜色，可以搭配出很多花样。

营养师小叮咛：笋瓜的营养价值不低，而且容易做得烂一些，对于宝宝来说便于接受。

为了增加宝宝食欲，可多加些牛奶。

西蓝花鸡肉软饭

用料：西蓝花，鸡肉，植物油，熟软米饭。

制作方法：1. 西蓝花洗净，掰小朵，剁碎；鸡肉洗净，切成细末。
2. 锅中加植物油，把鸡肉末炒成八成熟时，加西蓝花碎炒熟炒烂，把软米饭盛到餐盘里，浇上菜肴即可。

推荐年龄：10 月龄以后

肉末烧茄子浇饭

用料：茄子，猪肉末，盐，植物油，熟软米饭。

制作方法：1. 茄子去皮，洗净，切成块状，然后放进锅里，先蒸熟。稍稍放凉后，可以撕成丝。
2. 把猪肉末炒一下，混合茄子丝一起炒熟，可加少量的盐，然后浇在熟米饭上即可。

推荐年龄：1 岁以后

小花卷

用料：鲜牛奶，椒盐，油，葱花，面粉，鲜酵母。

制作方法：1. 用鲜酵母和温水和面，外加一袋鲜牛奶，揉匀后加盖保鲜膜放在窗前温暖处饧发。
2. 揉面，擀面皮，抹层油，撒点葱花、椒盐，然后做成花卷。
3. 锅内添水，把花卷饧 10 分钟放入冷水蒸锅，水开后持续大火蒸 10 分钟，关火，停 3 分钟即可。

推荐年龄：1 岁以后

营养师小叮咛：让宝宝尝试各类辅食，即使宝宝不喜欢的蔬菜，也多尝试，宝宝可能就会接受。

营养师小叮咛：1 岁以后的宝宝可以少量吃盐，但每天要控制在 1 克以内。

营养师小叮咛：发酵的面食更容易消化吸收，为了应对偏食挑食的小食客，注意多变换花样。

尽量把面和得软一点。

盐尽量少放甚至不放。

操作方便，清凉爽口。

菜肉包

用料：白菜，猪肉，宝宝酱油，麻油，面粉。

制作方法：1. 白菜洗净切块，用搅拌机搅成碎末；猪肉剁成碎末。白菜末和猪肉末混合，加宝宝酱油和麻油，顺一个方向搅拌均匀。

2. 冷水和面，和成团后，醒半小时，然后擀成包子皮，包成适合宝宝大小的包子。将包好的包子蒸熟即可。

推荐年龄：1 岁以后

 **营养师小叮咛**：可以用不同的馅，给宝宝做出不同味道的包子。

紫菜豆腐面

用料：紫菜，豆腐，儿童面条，盐，核桃油。

制作方法：1. 紫菜洗净，切成细末备用；豆腐洗净，切小丁，备用。

2. 锅中烧水，下适量儿童面条，煮 3 分钟后加紫菜末和豆腐丁，直到面条熟烂，加少许盐调味，滴几滴核桃油即可。

推荐年龄：1 岁以后

营养师小叮咛：豆腐的营养价值很高，含丰富的蛋白质、钙等。紫菜豆腐面是较有特色的搭配。

西红柿鸡蛋面片

用料：西红柿，鸡蛋，面粉，香油，亚麻籽油。

制作方法：1. 将面粉放入大碗内，揉成面团，并切成小片。

2. 西红柿洗净去皮，切碎；鸡蛋打成蛋液。

3. 锅中烧水，下面片和碎了的西红柿，最后淋入蛋液，滴入少许香油和亚麻籽油即可。

推荐年龄：1 岁以后

营养师小叮咛：面片在一些地方比较受欢迎，有炒面片，也有烩面片。

口感要软硬适中。

青菜香菇肉末猫耳朵面

用料：青菜，香菇，猪瘦肉，面粉，植物油，盐。

制作方法：1. 面粉加水，揉成面团，饧 20 分钟搓成细条，再切成小剂子，用手捏成猫耳朵的样子。

2. 锅中烧水，下猫耳朵，煮熟，备用。青菜用开水余后，剁碎末，香菇和猪肉洗净也剁成碎末。

3. 坐锅热油，下肉末翻炒，然后下香菇末和青菜末，加少许水，下猫耳朵，加盐，搅拌均匀即可。

推荐年龄：1 岁以后

🍲 **营养师小叮咛**：吃面食也要经常换换花样，尝试了面条、面片后，也可以试试猫耳朵面。

青菜土豆牛肉面疙瘩

用料：青菜，土豆，牛肉，面粉，植物油，盐。

制作方法：1. 青菜、土豆洗净，土豆切丁，青菜切碎末；牛肉洗净，切块，放搅拌机搅成碎末。

2. 面粉加少许水和成面疙瘩，水要慢慢加入。

3. 坐锅热油，加入牛肉末翻炒，然后加入青菜末，土豆丁。

4. 锅中加少许水，最后下面疙瘩，加少许盐，搅拌均匀即可。

推荐年龄：1 岁以后

🍲 **营养师小叮咛**：面疙瘩也能做出美味，西红柿土豆牛肉面疙瘩很受孩子的欢迎。

西红柿鸡蛋面疙瘩

用料：西红柿，鸡蛋，面粉，植物油，盐。

制作方法：1. 鸡蛋打散备用；西红柿除皮，剁成碎末。

2. 面粉加少许水和成面疙瘩，水要慢慢加入。

3. 坐锅热油，加入西红柿翻炒，西红柿炒至软烂，汁出来，加入少许水。

4. 下面疙瘩，煮沸后，下蛋液。搅拌均匀稍加盐即可。

推荐年龄：1 岁以后

🍲 **营养师小叮咛**：西红柿鸡蛋面疙瘩营养比较均衡，要根据孩子的年龄大小来调整面疙瘩的大小。

五谷杂粮食谱

海鲜炒饭

准备 **20**min 制作 **10**min

用料：米饭，鸡蛋，墨鱼，虾仁，干贝，盐，植物油，淀粉。

制作方法：

1.鸡蛋打散，分蛋黄和蛋清；墨鱼处理干净，切丁，和虾仁一起加淀粉，与部分蛋清拌匀；干贝洗净，切碎；蛋黄煎成蛋皮，切丝。

2.油锅置火上，将剩余蛋清、墨鱼丁、干贝、虾仁拌炒，最后加入米饭和盐，炒匀即可。

营养师小叮咛

海鲜炒饭营养丰富，富含蛋白质、锌、碘等人体需要的营养成分，味道鲜美，能刺激食欲。

推荐年龄
营养师推荐该辅食在 1 岁以后食用

味道鲜美且营养丰富。

不喜欢吃汤饺，可以将水饺单独盛出。

高汤水饺

准备 **10**min 制作 **40**min

用料：面粉，白菜，猪肉，盐，葱姜末，鸡汤，紫菜。

制作方法：

1.将白菜洗净剁成碎末，挤去水分；猪肉剁成蓉，加入盐和葱姜末拌匀，再加入适量的水调成糊状，最后放入白菜末拌成馅待用。

2.将面粉 500 克加冷水 250 克和成面团，揉匀，搓成细条，按每 500 克干面 100 个剂子下剂，用擀面杖擀成小圆皮，加馅，包成小饺子。

3.先用开水将要吃的饺子煮至八成熟后捞出，再放入鸡汤内稍煮，加入紫菜即成（剩余的饺子可分装速冻，留待以后要吃时再煮）。

推荐年龄
营养师推荐该辅食在 1 岁以后食用

西红柿鸡蛋热汤面

准备 **10**min　制作 **10**min

用料：面条，西红柿，鸡蛋，盐，香油，香葱。

制作方法：

1. 锅中放水，打入鸡蛋。
2. 西红柿洗净，切小块，放入锅内。
3. 水开后放入面条，煮熟后加盐、香油调味，最后撒上香葱末即可。

营养师小叮咛

西红柿是常用的蔬菜，可以搭配出很多花样。可以将西红柿炒一炒再食用。

推荐年龄

营养师推荐该辅食在 1 岁以后食用

冷水煮鸡蛋，口感更好。

五谷杂粮食谱

爽口滑嫩，易于消化。

猪肉白菜馄饨

用料：白菜，猪肉末，面粉，酱油，核桃油，葱花。

制作方法：

1. 白菜洗净切块，用搅拌机搅碎或剁碎，搅完把水挤出去。

2. 加少量酱油和核桃油，再加些肉末，顺一个方向搅拌均匀。

3. 冷水和面，和成团后，饧半小时，然后擀成薄薄的皮，包成馄饨。

4. 下水煮馄饨，煮得软一些，撒上葱花即可。

  推荐年龄：1 岁以后

  营养师小叮咛：除了水饺，馄饨也深受欢迎，既可以做成大馄饨，也可以做成小馄饨。

芹菜肉小水饺

用料：芹菜，猪肉，面粉，鸡蛋，植物油，香油，盐。

制作方法：

1. 芹菜洗净，搅成碎末；猪肉洗净，放入搅拌机搅成末。

2. 在肉末中放入一个鸡蛋，适量植物油、香油，盐（调淡一点）。

3. 和面，擀皮，包成小号饺子。

4. 锅中烧开水，把饺子倒入，开着盖子，多煮一会儿，让皮煮得软一些。

推荐年龄：1 岁以后

  营养师小叮咛：水饺也深受不少孩子的欢迎，可以用多种蔬菜汁和面，包出不同颜色的水饺。

牛肉河粉

用料：河粉，牛肉，香菜，高汤，香油。

制作方法：

1. 将河粉切小段，煮熟，用冷开水冲凉；牛肉切片；香菜洗净切末。

2. 高汤加入牛肉片煮熟，加入河粉稍煮，撒上香菜末，加几滴香油即可。

推荐年龄：1 岁以后

  营养师小叮咛：河粉富含碳水化合物。它能提供热能，为大脑、肌肉组织等提供能量。

鲜而不腻，味道纯正。

味道清香，营养健康。

鸡汤馄饨

用料：鸡肉末，白菜叶，馄饨皮，鸡汤，植物油，葱花。

制作方法：1.将白菜叶洗干净，切成碎末，与鸡肉末放一起，加入植物油拌匀做馅。

2.用馄饨皮包成小馄饨。

3.鸡汤烧开，下入小馄饨，煮熟时撒上葱花即可。

推荐年龄：1岁以后

营养师小叮咛：鸡肉属于白肉，含有丰富的优质蛋白。为了让肉更嫩，先用淀粉将鸡肉裹一下。

胡萝卜小米粥

用料：胡萝卜，小米。

制作方法：1.将胡萝卜清洗干净切小块，放在搅拌机里打碎。

2.小米洗净，备用。

3.将胡萝卜碎和小米一同放入锅内，加清水大火煮沸。

4.转小火煮至小米开花即可。

推荐年龄：1岁以后

营养师小叮咛：胡萝卜富含β-胡萝卜素，除了可以放到粥里煮，还可以炒着吃或蒸着吃。

玉米鸡丝粥

用料：大米，玉米粒，鸡肉，芹菜，植物油。

制作方法：1.大米淘洗干净，加水煮成粥；芹菜洗净切丁。

2.鸡肉切丝，放入粥内同煮。玉米粒用搅拌机打碎。

3.粥熟时，加入玉米粒碎和芹菜丁，稍煮片刻即可。

推荐年龄：1岁以后

营养师小叮咛：玉米属于杂粮类，整粒的玉米不太好消化，对于婴幼儿来说可以打成泥或碎状。

五谷杂粮食谱

淡菜瘦肉粥

准备 **12**h　制作 **30**min

用料： 大米，猪瘦肉，淡菜，干贝，盐。

制作方法：

1. 淡菜、干贝浸泡 12 小时；猪瘦肉切末；大米淘洗干净。

2. 锅置火上，加适量水煮沸，放入大米、淡菜、干贝、猪瘦肉末同煮，煮至粥熟后加盐调味即可。

营养师小叮咛

淡菜被称为"海中鸡蛋"，含有丰富的蛋白质、钙、磷、铁、锌、维生素等营养元素。

推荐年龄

营养师推荐该辅食在 1 岁以后食用

干贝过敏的宝宝不要吃。

用牛奶和面，宝宝更爱吃。

牛奶馒头

准备 **2**h　制作 **40**min

用料： 面粉，牛奶，酵母粉。

制作方法：

1. 将面粉、酵母粉和适量的牛奶充分搅拌，然后揉成光滑的面团，放在温暖的地方静置 2 个小时。

2. 将充分饧发的面团揉一揉，切成小馒头的形状，再次放在温暖的地方饧发 20 分钟。

3. 蒸锅中加水烧至沸腾后，把装入馒头的笼屉放进蒸锅里，蒸制 20 分钟即可。

营养师小叮咛

发酵的馒头容易消化吸收，牛奶馒头，风味独特，营养丰富。也可以加 1/4~1/2 全麦做馒头更健康。

推荐年龄

营养师推荐该辅食在 1 岁以后食用

紫薯奶香小馒头

准备 **2**h　制作 **40**min

用料： 面粉，紫薯，酵母，牛奶。

制作方法：

1. 用温牛奶将酵母搅拌均匀后倒入面粉中和匀，加入蒸制好已压成泥的紫薯，揉匀后放在温暖处饧发 2 小时。

2. 取出发酵后的面团揉光滑后分成大小均匀的小面团，分别揉成小馒头后再次放置在温暖处饧发 20 分钟。

3. 将饧发好的馒头放置在蒸锅中，蒸 15 分钟即可。

营养师小叮咛

紫薯奶香小馒头，可以用不同的模子，做出很多卡通形象，更容易吸引孩子。

推荐年龄

营养师推荐该辅食在 1 岁以后食用

小馒头香甜可口，可增强食欲。

南瓜糯米小馒头

准备 **20**min 制作 **20**min

用料：南瓜，糯米粉，面粉。酵母粉。

制作方法：

1. 酵母粉用温水泡开，南瓜蒸熟后压成泥状。

2. 将酵母水、南瓜泥和糯米粉、面粉充分搅拌后揉成光滑的面团，放温暖处饧发 2 个小时备用。

3. 将饧发好的面团揉光滑后切成大小相等的小面团，再揉一揉即可。

4. 将所有做好的小馒头放入蒸笼内蒸 10 分钟即可。

推荐年龄

营养师推荐该辅食在 1 岁以后食用

口感清新，营养丰富。

胡萝卜土豆鸡蛋饼

准备 **30**min 制作 **20**min

用料：胡萝卜，土豆，鸡蛋，面粉，植物油，盐。

制作方法：

1. 土豆、胡萝卜洗净去皮后切成小薄片，上蒸锅蒸约 20 分钟后捣成泥状。

2. 将面粉和土豆、胡萝卜泥、鸡蛋、盐放在一起充分搅拌均匀，如果面糊较稠可少加一点牛奶。

3. 平底锅烧热后将面糊倒入，表面起泡并呈金黄色后翻面，另一面也呈金黄色后出锅装盘。

4. 其他面糊也可用同样的方法煎成面饼。

营养师小叮咛

胡萝卜土豆鸡蛋饼，做到谷类与薯类搭配，荤素搭配。

推荐年龄

营养师推荐该辅食在 2 岁以后食用

南瓜烫面饼

准备 **15**min　做饭 **30**min

用料： 南瓜，面粉。

制作方法：

1. 南瓜洗净，切块，放蒸锅蒸熟。

2. 把蒸熟的南瓜用小勺压成泥，趁热放入面粉中，搅拌均匀。

3. 和成光滑的面团饧20分钟。

4. 把面团分割成小剂子，擀成薄饼，放入平底锅，小火慢烙。

5. 煎至两面微黄即可出锅。

营养师小叮咛

南瓜含有丰富的胡萝卜素和多种矿物质，南瓜烫面饼吃起来甜甜的，让宝宝享受天然食材。

推荐年龄

营养师推荐该辅食在2岁以后食用

五谷杂粮食谱

什锦烩饭

用料：米饭，香菇，虾仁，玉米粒，胡萝卜，豌豆，植物油。

制作方法：1.胡萝卜、香菇洗净，切成丁；虾仁、玉米粒、豌豆洗净，虾仁剁碎。

2.锅中倒入一些植物油，将虾仁、玉米粒、豌豆、胡萝卜丁、香菇丁下锅，炒熟。

3.加少量水，倒入米饭，翻炒片刻即可。

推荐年龄：2 岁以后

黑米红豆粥

用料：大米，黑米，红豆。

制作方法：1.黑米、红豆分别洗净，浸泡 2 个小时。

2.将大米淘净，和黑米、红豆共放入电高压锅中，加入适量的水，调成煮粥模式，煮至稠烂即可。

推荐年龄：2 岁以后

土豆饼

用料：土豆，西蓝花，面粉，牛奶，植物油。

制作方法：1.将土豆用礤菜板礤好，西蓝花用开水焯一下切碎。

2.将土豆、西蓝花、面粉和牛奶和在一起搅匀。

3.锅中放油，把拌好的材料煎成饼即可。

推荐年龄：2 岁以后

营养师小叮咛：什锦烩饭颜色丰富，营养均衡，荤素搭配，富含碳水化合物、蛋白质、矿物质。

营养师小叮咛：适量摄入全谷类或杂豆，有利于获得充足的 B 族维生素、膳食纤维等。

营养师小叮咛：土豆的吃法有很多，将土豆与面粉组合，做成土豆饼，也可以让宝宝吃得美美的。

火一定要小，不能煳。

为了引起宝宝兴趣，可以创意摆盘。

煎鸡蛋馒头片

用料：馒头，鸡蛋，植物油，盐，熟黑芝麻。

制作方法：1.馒头切片，鸡蛋打散，加入两大勺清水和少许盐搅拌均匀。

2.锅里放入两大勺植物油烧热，馒头片在鸡蛋液里蘸一下放入锅中。小火煎至馒头两面金黄，沥干油，撒上熟黑芝麻装盘即可。

推荐年龄：2岁以后

红薯糙米粥

用料：红薯，大米，糙米。

制作方法：1.红薯去皮洗净后切成丁备用。

2.将糙米洗净，与大米、红薯一起放入锅内，煮30分钟，或电高压锅煮豆模式。

推荐年龄：2岁以后

时蔬鸡蛋饼

用料：面粉，蒜苗，鸡蛋，盐，植物油。

制作方法：1.蒜苗洗净切碎备用；鸡蛋打入碗内，倒入适量面粉，加少许盐，加水搅拌均匀。

2.将锅烧热，放少许植物油，改小火，倒入一半鸡蛋面糊。

3.把蒜苗碎均匀地撒在蛋饼上，将剩下的鸡蛋面糊浇在蒜苗上。

4.待表面凝固后翻面煎熟即可。

推荐年龄：2岁以后

营养师小叮咛：通常不建议给孩子吃煎炸的食物，偶尔让挑食的小食客尝尝，会食欲大开。

营养师小叮咛：糙米属于全谷类，没有经过细加工的稻米，营养价值明显高于精白米。

营养师小叮咛：鸡蛋吃法很多，吃够了煮鸡蛋，不妨尝尝时蔬鸡蛋饼。

五谷杂粮食谱

白菜鲜肉馅饼

准备 **2**h　制作 **20**min

用料： 面粉，猪肉馅，白菜叶，酵母粉，姜末，葱末，盐，植物油。

制作方法：

1. 发酵粉用温水调和，倒入面粉中，搅拌呈絮状。和成光滑面团，发酵至 2 倍大。

2. 取白菜叶洗净切碎，同葱姜末、盐放入肉馅中，搅拌至均匀，馅有黏性。

3. 包入馅料，擀成圆饼。平底锅烧热放油，放饼，煎至两面金黄即可。

营养师小叮咛

猪肉含有优质蛋白质，并为宝贝提供铁等营养素。

推荐年龄

营养师推荐该辅食在 2 岁以后食用

盐尽量少放。

主副结合，营养丰富。

三丝卷饼

准备 **10**min　制作 **30**min

用料： 午餐肉，鸡蛋，面粉，盐，黄瓜，胡萝卜，植物油。

制作方法：

1. 黄瓜、胡萝卜洗净切丝；午餐肉切条。

2. 鸡蛋打散，加入面粉和盐，搅拌均匀。

3. 锅烧热放植物油，淋入面糊，转一圈，使面糊铺开。

4. 凝固后翻面，放上黄瓜丝、胡萝卜丝和午餐肉条，关火卷起来即可。当然，为了吸引宝宝，还可以做成好看的形状。

营养师小叮咛

黄瓜很爽口，做到饼里也是一种吃法。

推荐年龄

营养师推荐该辅食在 2 岁以后食用

葱香燕麦鸡蛋饼

 准备 **10**min　 制作 **20**min

促进胃肠蠕动，防止便秘。

用料：燕麦，香葱，面粉，鸡蛋，植物油，盐，火腿，小西红柿。

制作方法：

1.将所需的食材洗净后，香葱切末；小西红柿备用。

2.将燕麦、面粉、鸡蛋依次加入容器中，搅拌均匀后加入适量盐、少许葱末和火腿，再加水，搅拌均匀。

3.将油加热至八成热时，将面糊倒入锅内，小火煎至两面金黄出锅。

4.将饼切好放在盘内，搭配小西红柿即可。

营养师小叮咛

燕麦营养比白米、白面更加丰富，含有丰富的铁、膳食纤维等。

推荐年龄

营养师推荐该辅食在 2 岁以后食用

五谷杂粮食谱

红烧肉焖饭

准备 **15**min　制作 **30**min

用料： 五花肉，土豆，洋葱，大米，酱油，盐，植物油，淀粉，清水。

制作方法：

1. 五花肉切块，加淀粉抓匀备用；洋葱、土豆洗净切丁；大米淘洗干净备用。

2. 锅中放植物油，将肉块炒至变色盛出。

3. 倒洋葱丁煸炒后加土豆丁和肉块；加酱油、盐调味，加入大米搅拌均匀，蒸熟即可。

 营养师小叮咛

猪瘦肉能提供优质蛋白质、铁、锌、维生素 A 等。

推荐年龄
营养师推荐该辅食在 2 岁以后食用

五谷杂粮食谱

虾皮香葱卷

准备 **2**h　制作 **20**min

用料： 面粉，香葱，豆腐，虾皮，盐，香油。

制作方法：

1. 将面粉放在容器中加适量清水和成光滑的面团备用。

2. 香葱洗净后切末，豆腐压成泥状，虾皮水洗后沥干水备用。

3. 将步骤 2 的食材放入容器中搅拌均匀，用盐调味制成馅。

4. 将步骤 1 饧发好的面团分成均等的 3 份，擀成椭圆形后倒入步骤 3 的馅料，将馅料均匀地摊在薄饼上。

5. 从一侧卷起来，边卷边压，以保证馅料不漏为度，蒸熟即可。

 营养师小叮咛

虾皮、豆腐都含有丰富的钙。但虾皮不太容易消化，会影响钙的吸收。

推荐年龄
营养师推荐该辅食在 2 岁以后食用

排骨焖饭

准备 **2**h　制作 **40**min

用料： 新鲜排骨，青豆，玉米，大米，糯米，甜面酱，生抽，老抽，盐。

制作方法：

1. 排骨浸泡 30 分钟，洗净沥干水，加甜面酱、生抽、老抽、盐，搅拌均匀后掩制 1 小时，大米和糯米混合均匀后淘洗干净备用。

2. 排骨和大米、糯米一起放入电饭锅蒸。

3. 青豆和玉米入开水锅氽，沥干水分备用。

4. 排骨饭煮好后，开盖把青豆和玉米倒在米饭上，再盖上盖子焖 5 分钟即可。

营养师小叮咛

将青豆、玉米与大米、糯米一起搭配，做到了粗细搭配。

推荐年龄

营养师推荐该辅食在 3 岁以后食用

五谷杂粮食谱

五谷杂粮食谱

胡萝卜牛肉焖饭

准备 **10**min 制作 **40**min

用料：土豆，胡萝卜，牛肉，大米，植物油，葱末，姜末，酱油，盐，黑胡椒粉。

制作方法：

1. 土豆、胡萝卜和牛肉洗净切小丁，用蛋清和淀粉腌一下牛肉；大米淘洗干净备用。

2. 锅中放油烧热，放葱、姜末炒香，放入牛肉丁翻炒至变色后放酱油。放土豆、胡萝卜丁翻炒均匀后放盐、黑胡椒粉调味。

3. 电饭煲里放入所有材料蒸熟即可。

营养师小叮咛

焖饭可以有很多种做法，学会营养搭配，轻松地做饭菜。

推荐年龄

推荐该辅食在 3 岁以后食用

尽量把饭做得熟烂些。

紫薯可以缓解排骨的油腻。

紫薯红烧排骨焖饭

准备 **2.5**h 制作 **30**min

用料：大米，紫薯，猪小排，植物油，盐，姜末，葱末，蒜末，酱油，香葱。

制作方法：

1. 排骨用清水浸泡 30 分钟后沥干水分，放葱末、姜末、蒜末、盐、酱油，搅拌均匀后腌制 2 小时。

2. 大米淘洗干净后放进电饭煲，将腌制好的排骨也一起放入，加水，水以没过食材为度。

3. 将电饭煲调到煮饭档。

4. 紫薯剥皮切丁，排骨煮制 10 分钟后加进紫薯，至熟透即可。

5. 上桌后可加上适量香葱，既美味，又好看。

推荐年龄

营养师推荐该辅食在 3 岁以后食用

芦笋牛肉焖饭

准备 **10**min　制作 **30**min

用料： 大米，牛肉，胡萝卜，芦笋，盐，蚝油，老抽，香葱，姜末，植物油。

制作方法：

1. 胡萝卜、芦笋洗净切丁；牛肉洗净汆后切丁；大米洗净备用。

2. 锅中放植物油烧至八成热后炒香葱、姜末后放入牛肉丁翻炒至变色，放胡萝卜丁后翻炒均匀，加少量热水煮熟，加盐、老抽调味。

3. 把备用的大米放入电饭煲中，把步骤2食材倒入，加水，以没过食材为度，开启煮饭按钮。

4. 等待米饭煮熟的过程中，把芦笋丁加蚝油、盐炒半分钟。

5. 待煲饭时间还剩2分钟时，把芦笋丁倒在表面继续焖熟即可。

推荐年龄

营养师推荐该辅食在3岁以后食用

五谷杂粮食谱

第三章
蔬菜 & 水果，不得不爱

　　新鲜蔬菜水果是人类平衡膳食的重要组成部分，也是我国传统膳食的重要特点之一。蔬菜水果是维生素、矿物质、膳食纤维的重要来源，水分多、能量低。

由于蔬菜含有成分非常复杂，我们对蔬菜的认识也只是冰山一角，根据食物的成分并不能可靠地判断其对健康的作用。这也提示，吃蔬菜的营养价值并不能等同于服用一些营养补充剂就能达到的。

孩子不吃蔬菜水果容易造成维生素 C、钙、钾、镁、膳食纤维等摄入不足，也不能获得充足的具有抗氧化作用的植物化学物如类胡萝卜素、蕃茄红素、原花青素等。

《中国居民膳食指南 2016》建议 2~3 岁的宝宝每天应摄入蔬菜 200~250 克，水果 100~150 克；4~5 岁的宝宝每天摄入蔬菜 250~300 克，水果 150 克；6 岁以上儿童每天摄入蔬菜 类 300~500 克，水果类 200~300 克。

蔬菜水果那么多，你爱哪一个

案例 1：宝宝 16 个月，6 个月时加的辅食，刚开始只有蛋黄和少量的米粉，后来逐渐加了菠菜、胡萝卜、荷兰豆等蔬菜，但宝宝一直不吃，换了其他制作方法宝宝也不吃。水果只吃香蕉、火龙果这两种。该怎么办？

案例 2：宝宝快 3 岁了，母乳喂养直至 18 个月。6 个月时加的辅食，刚开始胃口很好，从 1 岁多开始就不爱吃辅食了，蔬菜、水果换了很多花样，宝宝都很排斥。水果偶尔会吃香蕉，其他都不吃。该怎么办？

案例 3：宝宝 5 岁，小时候没有母乳，一直是人工喂养。自 10 个月时加的辅食，蔬菜水果都不吃，偶尔会吃些馒头、面条，但要有菜叶也会都挑出来不吃，偶尔吃到了还会呕吐。水果只吃香蕉。宝宝身体一直瘦，抵抗力差，动辄就会生病。这该怎么办？

儿科营养师跟妈妈说

首先，让孩子多亲近蔬菜。对于 3 岁以上的儿童，想让他们多吃蔬菜，不妨带他们多接触蔬菜。可以带他们去菜市场、超市的蔬菜货架，让他们亲手挑选蔬菜。蔬菜买回家之后，让孩子帮忙洗菜、去皮、装盘，等等，让他看看蔬菜是怎么弄熟的，闻到厨房烹调时的气息。通过这些方式，让宝宝减少对蔬菜的抗拒心，培养宝宝的主人翁意识和动手能力。

其次，坚持"一次一种"原则。餐桌上的蔬菜最好不要都让宝宝感到陌生，或都是他们不喜欢吃的，因为这顿饭他们很可能什么都不愿意吃，你的一番心血也白费了。一顿饭，最好只加一种宝宝可能会排斥的蔬菜，其他的菜最好都不要让宝宝有抗拒心，至少要保留一种是他们喜欢吃的。

最后，找一个榜样。宝宝不接受某种蔬菜，有时是缺少一个榜样。如果有和宝宝差不多大的朋友，又喜欢吃蔬菜，那么他是一个最好的榜样。如果没有这样的小朋友，就需要家长亲自上阵了。

刘医生告诉你怎么让宝宝爱上蔬菜水果。

Doctor. L

蔬菜、水果的营养成分

水果

多数新鲜水果含水分 85%~90%，是膳食中维生素（维生素 C、胡萝卜素以及 B 族维生素）、矿物质（钾、镁、钙）和膳食纤维（纤维素、半纤维素和果胶）的重要来源。此外，水果还含具有抗氧化的黄酮类。红色和黄色水果（如芒果、柑橘、木瓜、山楂、沙棘、杏）中胡萝卜素含量较高；枣类（鲜枣、酸枣），柑橘类（橘、柑、橙、柚）和浆果类（猕猴桃、黑加仑、草莓）中维生素 C 含量较高；香蕉、红果、龙眼等的钾含量较高。

蔬菜

蔬菜含水分多，热量低，富含植物化学物质，是提供微量营养素、膳食纤维和天然抗氧化物的重要来源。一般新鲜蔬菜含 65%~95% 的水分。蔬菜含纤维素、半纤维素、果胶、淀粉、碳水化合物等，大部分热量较低。

蔬菜的品种很多，不同蔬菜的营养价值相差很大，只有选择不同品种的蔬菜，合理搭配才有利于健康。建议宝宝每天摄入多种蔬菜，2~3 岁的宝宝每天 200~250 克；4~5 岁的宝宝每天 250~300 克；6 岁以上儿童每天摄入蔬菜类 300~500 克，甚至更多。

鉴于深色蔬菜的营养优势，应特别注意摄入深色蔬菜，使其占到蔬菜总摄入量的一半，还要注意增加十字花科蔬菜、菌藻类食物的摄入。

富含维生素 C 的蔬菜和水果（以每 100 克可食部计）

蔬菜名称	维生素 C（毫克）	水果名称	维生素 C（毫克）
白菜（脱水）	187	荔枝（鲜）	41
白菜（大白菜）	47	芒果（杧果，望果）	23
白菜薹（菜薹菜心）	44	南瓜果脯	7
菠菜（赤根菜）	32	柠檬	22
菠菜（脱水）	82	柠檬汁	11
菜花（花椰菜）	61	枇杷	8
菜花（脱水）	82	苹果	4
菜节（油菜薹，油菜心）	54	葡萄	25
葱茎（脱水）	89	酸刺	74

资料来源：《中国食物成分表 2010》

水果蔬菜，你真的吃对了吗

　　水果的营养价值和蔬菜有一定差别，但水果可以生吃，营养素可以免受加工烹调的破坏。水果中的有机酸可以帮助消化，促进其他营养成分的吸收。食用水果前应认真地清洗，喷过农药的水果除彻底清洗外，最好削去外皮后再让宝宝食用。以上说的这些你可能都知道，那以下的这些认知你知道对错吗？

水果好处多，要多吃？

　　水果好吃但也要掌握好度，不要盲目地任由宝宝随便吃，有个别水果吃多了也会伤害到宝宝健康。

　　吃水果要适量，过多摄入会影响其他食物的摄入，还可能有意想不到的坏处，比如，长期大量进食柿子会在体内形成结石，这在一些种植柿子的地方时有发生。

水果代替蔬菜？

　　水果和蔬菜有许多相似的地方。比如它们所含的维生素都较丰富，都含有矿物质和大量水分。但是，水果和蔬菜毕竟是有差别的。

　　水果和蔬菜虽然都含有维生素 C，但含量是有差别的。除去含维生素 C 较多的鲜枣、山楂、柑橘等，一般水果像苹果、梨、香蕉等所含的维生素 C 比不上绿叶菜。绿叶蔬菜还含有维生素 K、叶酸等。因此，要想获得足够的维生素，还是应当多吃蔬菜。

　　当然，水果也有水果的特点。比如，多数水果都含有各种有机酸、柠檬酸等。它们能刺激消化液的分泌。这些又是一般蔬菜所没有的。水果含有的热量一般比蔬菜高。因此，水果和蔬菜各有其特点和作用，谁也不能替代谁。

水果汁代替水果？

　　有些妈妈可能觉得相比固体水果，液体的果汁更加方便，认为鲜榨果汁就等同于水果，而且喝果汁比吃水果更安全，不用怕宝宝被噎到，所以妈妈们干脆就用果汁代替水果了，其实，这样做是不正确的。

　　大部分的膳食纤维和部分钙、镁等矿物质仍然保留在果渣中，不能被宝宝喝掉，而且经常喝果汁不吃水果，不利于宝宝锻炼咀嚼能力。单纯地就果汁讲，果汁升糖快、含糖量高，不利于身体的健康，所以，即使是现榨果汁也不能代替水果。

一定要正确对待水果蔬菜

　　蔬菜和水果所含的营养成分并不完全相同，不能相互替代。在制备宝宝的食物时，应注意将蔬菜切小、切细以利于儿童咀嚼和吞咽，同时还要注重蔬菜水果的品种、颜色和口味的变化，以引起宝宝多吃蔬菜水果的兴趣。

让宝宝爱上水果蔬菜

　　1. 家中常备水果，带孩子外出时可准备一些蔬菜或水果作为零食。

　　2. 每餐都要有蔬菜和水果。比如早餐时可以在麦片中加入水果，午餐时刻增加一份水果或蔬菜沙拉，用水果或蔬菜当课外零食，晚餐时适当增加一两份蔬菜。

　　3. 给家庭成员制定每天的蔬菜和水果量的目标，达到目标给予表扬，这样可增加孩子吃蔬菜水果的积极性。

　　4. 蔬菜、水果的种类应多样化，烹煮方式也应多样化，防止孩子因吃腻某一种菜或水果而开始反感吃蔬菜和水果。

　　5. 让孩子自己选择蔬菜和水果，这样有利于建立孩子自己喜爱的食物名单。

　　6. 增加食物的趣味性。比如在三明治上画上笑脸，用蔬菜和水果摆出可爱的造型等。

　　7. 少给 1 岁以上的孩子喝成品果汁，最好不给孩子喝饮料。如果一定要喝也要确保是 100% 纯果汁，而不是果汁饮料，而且需要限量，还要稀释。

　　8. 对于不爱吃蔬菜水果的孩子，可以通过做游戏让孩子选择蔬菜水果。例如，把各种蔬果水果名称标记在纸条上，包卷纸条放进一个小罐里，通过抓阄的方式来选择。

家里常放一些可以当
零食的蔬菜水果。

蔬果做得好，宝宝也爱吃

香蕉泥

用料：香蕉。

制作方法：香蕉剥皮，然后用勺子压成泥状即可。

推荐年龄：7~8 月龄

营养师小叮咛：香蕉富含糖类、钾等，容易做成泥，适合作为宝宝最初的辅食之一。

苹果泥

用料：苹果。

制作方法：1. 将苹果清洗干净，然后去皮。

2. 将苹果放锅里蒸一会儿，然后用勺子把苹果慢慢压成泥状即可。

推荐年龄：7~8 月龄

营养师小叮咛：刚开始尝试果泥，可以先蒸熟，这样更容易做成泥，还能达到一定的消毒效果。

西瓜桃子蓉

用料：西瓜瓤，桃子。

制作方法：1. 将桃子洗净，去皮，去核，切成小块；西瓜瓤切成小块，去掉西瓜子。

2. 将桃子块和西瓜块放入搅拌机打碎即可。

推荐年龄：7~8 月龄

营养师小叮咛：比起果汁，将水果打碎做成蓉，更有营养，更健康。

玉米芋头泥

用料：玉米，芋头。

制作方法：1. 将芋头去皮，并切成小块状，用清水滤洗，再用水煮熟。

2. 将洗干净的玉米粒，放入锅中煮熟，取出放入搅拌机，搅拌成玉米浆。

3. 将芋头块用勺子压成泥状，随后倒入玉米浆，搅拌均匀，融在一起即可。

推荐年龄：7~8 月龄

营养师小叮咛：此菜是用新鲜的玉米和芋头相结合，口感比较细腻，可以给宝宝少量尝试。

蔬菜豆腐泥

用料：嫩豆腐，荷兰豆，蛋黄。

制作方法：1. 荷兰豆洗干净烫熟。

2. 把荷兰豆放入锅中，再加适量水，嫩豆腐边捣碎边加进去，煮到汤汁变少。

3. 最后将蛋黄打散加入锅里煮熟即可。

推荐年龄：7~8 月龄

营养师小叮咛：6 个月以后的孩子可以尝试豆腐，但注意吃豆腐的时候不要噎着孩子。

胡萝卜泥

用料：胡萝卜。

制作方法：1.胡萝卜洗净，去皮，切成小丁。

2. 将切好的胡萝卜丁放在小碗里，上蒸锅中火蒸 15 分钟，至胡萝卜熟烂。

3. 取出胡萝卜丁，用勺子碾成泥即可。

推荐年龄：7~8 月龄

营养师小叮咛：胡萝卜含有丰富的 β－胡萝卜素，且物美价廉。

南瓜泥

用料：南瓜，黑芝麻。

制作方法：1.南瓜去皮，洗净后切成丁。

2.将南瓜丁装盘，放入锅中，加盖隔水蒸10分钟。

3.取出蒸好的南瓜，用勺子压成泥即可，为了好看可撒些黑芝麻或黑芝麻粉。

推荐年龄：7~8 月龄

土豆泥

用料：土豆，米汤。

制作方法：1.土豆洗净去皮，切成小块，上锅蒸熟，压成泥。

2.加上米汤拌匀。

推荐年龄：7~8 月龄

青菜泥

用料：青菜。

制作方法：1.将青菜择洗干净，沥水，切碎。

2.锅内加入适量水，待水沸后放入青菜碎末，煮15分钟捞出放在碗里。

3.用勺子将青菜碎末捣成菜泥即可。

推荐年龄：7~8 月龄

营养师小叮咛：南瓜属于瓜类蔬菜，容易蒸熟。用勺子压成泥，或用搅拌机打成泥。

营养师小叮咛：土豆属于薯类，富含碳水化合物、钾等，也比较容易做成泥。

营养师小叮咛：青菜营养丰富，但不容易消化，作为婴儿的辅食需要打成泥或剁碎。

香菇苹果豆腐羹

用料：香菇，苹果，豆腐，葱花。

制作方法：1.香菇洗净切碎。

2.豆腐切成小丁，与香菇碎、葱花一起煮烂制成豆腐羹。

3.苹果洗净，去皮，去核，切成块，放入搅拌机打成蓉。

4.豆腐羹冷却后，加入苹果蓉拌匀即可。

推荐年龄：9 月龄以后

苹果橘子米粥

用料：大米，橘子，苹果。

制作方法：1.将大米淘洗干净；苹果洗净，削皮切成块；橘子去皮掰成瓣，切成小块。

2.将大米和苹果块、橘子块一同放入锅中，加适量的水，煮至成粥即可。

推荐年龄：1 岁以后

胡萝卜山楂汁

用料：鲜山楂，胡萝卜。

制作方法：1.山楂洗净后去籽并切4瓣，胡萝卜洗净，切碎备用。

2.将备用的山楂、胡萝卜放入炖锅内，加水煮沸，改小火煮15分钟后用纱布过滤取汁即可。

推荐年龄：1 岁以后

营养师小叮咛：香菇苹果豆腐羹含有丰富的蛋白质以及钙、镁等矿物质，将水果融入三餐当中。

营养师小叮咛：将水果煮成水果粥，也是吃水果的一个途径，苹果橘子粥，酸酸甜甜，很是爽口。

营养师小叮咛：鲜山楂富含维生素C，有机酸等，可以与胡萝卜搭配打成汁。

土豆炖南瓜

用料：土豆，南瓜，彩椒（青、红），植物油，香葱，酱油，盐。

制作方法：1. 土豆、南瓜去皮，洗净切块；彩椒（青、红）洗净切菱形块。

2. 起锅热油，爆香葱，放土豆块炒，加少许水，焖 3~5 分钟。

3. 放入南瓜，加酱油、盐，翻炒均匀，再次加入适量水，加盖焖至土豆和南瓜都熟透为止，快出锅前，放彩椒块，继续翻炒，待锅中剩下少许汤汁后出锅。

推 荐年龄：1 岁以后

营养师小叮咛：土豆含有丰富的碳水化合物、钾等，还含有一定的维生素C。可以作为主食的一部分。

西红柿炒冻豆腐

用料：西红柿，冻豆腐，香葱，盐，酱油，植物油。

制作方法：1. 冻豆腐充分解冻后捏出水分，切成小块；西红柿洗净后切块。

2. 炒锅热油，爆香葱后倒入西红柿翻炒均匀，加盐、酱油调味，待西红柿炒出汁后放入冻豆腐继续翻炒。

3. 冻豆腐表面呈黄色即可出锅，用切成片的西红柿装饰在盘边。

推荐年龄：1 岁以后

营养师小叮咛：大豆蛋白属于优质蛋白，豆制品的种类很多，冻豆腐是其中一种。

香椿烧豆腐

用料：北豆腐，香椿苗，植物油，蚝油，盐。

制作方法：1. 豆腐切薄片后煎至两面金黄备用。

2. 另起锅，将切成末的香椿苗放到锅中煸炒，炒至出水后放蚝油、盐和适量水一起煮成酱汁。

3. 将酱汁浇在豆腐上即可。

推荐年龄：1 岁以后

营养师小叮咛：香椿具有一定的季节性，味道独特，营养丰富，富含胡萝卜素、钙、铁、维生素C等。

4 岁以内进食蚕豆，把蚕豆切碎一些。

幼儿吃应掰成小朵，不需太大。

拌茄子

用料： 茄子，香葱末，蒜，生抽，香油，盐，醋。

制作方法： 1.茄子洗净后横切两段，用刀纵向划几刀，不要划断。在盘子里面码好后上蒸锅蒸 15 分钟，倒掉蒸出来的水后备用。

2.蒜捣成泥，和生抽、香油、盐、醋一起调匀浇在茄子上，再撒上少许香葱末装饰即可。

推荐年龄： 1 岁以后

蚕豆炒胡萝卜

用料： 蚕豆，胡萝卜，植物油，香葱，盐，酱油。

制作方法： 1.胡萝卜洗净后去皮切丁；蚕豆洗净备用。

2.炒锅热油，爆香葱，将步骤 1 的备料一起入锅爆炒，加适量水焖 3~5 分钟后用盐、酱油调味。

3.待汤略收干后即可出锅。

推荐年龄： 2 岁以后

咖喱菜花

用料： 有机菜花，菜椒，咖喱粉，植物油，香葱，酱油，盐，水淀粉。

制作方法： 1.菜花洗净掰成小朵后用淡盐水浸泡 20 分钟，用沸水氽熟后放入凉水中过凉，捞出后控干水分。

2.炒锅热油，爆香葱后放入菜椒煸炒，加适量咖喱粉炒匀后加少许开水，用盐、酱油调味后勾芡，将备好的菜花倒入，翻炒均匀后出锅即可。

推荐年龄： 2 岁以后

营养师小叮咛： 凉拌茄子不需要太多油，吃起来口感也不差。幼儿吃不用放蒜。

营养师小叮咛： 需要注意的是，有蚕豆病的孩子不能吃蚕豆及蚕豆制品。

营养师小叮咛： 菜花属于十字花科蔬菜，吃起来有独特的清新味道，可以用肉炒，也可以素炒。

苹果玉米鸡蛋羹

用料：苹果，鸡蛋，甜玉米粒，淀粉。

制作方法：1. 苹果洗净去皮，切丁；鸡蛋打成蛋液；淀粉用凉水调匀成糊。

2. 锅里加水烧开，倒入甜玉米粒煮熟，放入苹果丁，然后倒入蛋液搅拌成蛋花，再加入少量淀粉糊，煮沸后小火煮 2 分钟即可。

推荐年龄：2 岁以后

田园时蔬

用料：莲藕，荷兰豆，胡萝卜，木耳，植物油，盐，醋。

制作方法：1. 木耳泡发，洗净；莲藕洗净，去皮，切片；胡萝卜洗净切片；荷兰豆洗净，用盐水浸泡。

2. 莲藕、荷兰豆余水，沥干。

3. 热锅放植物油，倒入胡萝卜片、荷兰豆、藕片、木耳翻炒，加盐、醋调味即可。

推荐年龄：2 岁以后

菠菜炒蛋

用料：菠菜，鸡蛋，植物油，盐。

制作方法：1. 菠菜洗净，焯水后切段。

2. 鸡蛋打入碗内，加少许盐，搅拌均匀。

3. 热锅放植物油，倒入鸡蛋，翻炒至成形，盛入碗内。

4. 锅里放植物油，油热后倒入菠菜翻炒，放盐九成熟时放入鸡蛋炒匀即可。

推荐年龄：2 岁以后

营养师小叮咛：可以把水果做成羹，与鸡蛋、玉米粒搭配，营养更加丰富。

营养师小叮咛：莲藕富含碳水化合物等，口感甜脆。木耳含有铁以及蛋白质、脂肪等。

营养师小叮咛：菠菜营养丰富，除了含有维生素 C 外，胡萝卜素的含量也很高，并含丰富的铁。

幼儿吃少放蒜。

甜瓜西红柿

用料： 西红柿，甜瓜，蜂蜜。

制作方法： 1. 西红柿洗净，顶部划十字刀，用开水烫一下，这样就非常好去皮了；甜瓜洗净，切块。

2. 把西红柿的皮撕掉，切成小块，和甜瓜一起放到容器里。

3. 上面浇上蜂蜜腌一会儿即可。

推荐年龄： 2 岁以后

营养师小叮咛： 西红柿富含胡萝卜素和西红柿红素，可以拌着吃。

胡萝卜菠菜鸡蛋炒饭

用料： 熟米饭，鸡蛋，胡萝卜，菠菜，葱末，盐，植物油。

制作方法： 1. 胡萝卜洗净，切丁；菠菜洗净，切碎；鸡蛋打成蛋液。

2. 锅中倒油，放鸡蛋液炒散，盛出备用。

3. 锅中再倒油，放葱末煸香，加入胡萝卜丁、菠菜碎、鸡蛋翻炒2 分钟，加盐调味，最后放入熟米饭翻炒几下即可。

推荐年龄： 2 岁以后

营养师小叮咛： 胡萝卜菠菜鸡蛋饭富含蛋白质、胡萝卜素、铁、钙等营养素，有利于宝宝的成长。

拍黄瓜

用料： 黄瓜，香油，盐，蒜泥，醋。

制作方法： 1. 黄瓜洗净，拿一块干净的布包住黄瓜（这样拍黄瓜的时候，不会瓜汁四溅），放在案板上用刀拍开，顺长切成两半，并采用抹刀法将其切成小抹刀块。

2. 切好的黄瓜块放入盆内。

3. 放入盐、蒜泥、香油搅拌均匀即成。食用时，可淋入少许醋。

推荐年龄： 2 岁以后

营养师小叮咛： 蒜泥具有杀菌作用，吃凉拌菜时适量吃点蒜有利于减少腹泻的发病风险。应少吃。

水果蔬菜食谱

鸡丁炒豌豆

 准备 **10**min　制作 **15**min

用料： 鸡胸肉，豌豆，胡萝卜，葱段，淀粉，盐，植物油。

制作方法：

1. 胡萝卜去皮，洗净，切成小丁；鸡胸肉洗净，切成小丁，用淀粉上浆，备用。

2. 锅内加植物油烧热，放入葱段煸出香味，然后下鸡胸肉丁炒至变色，加入豌豆、胡萝卜丁，用大火快炒至熟，加盐调味即可。

营养师小叮咛

豌豆属于杂豆，营养价值高，富含碳水化合物、蛋白质、钾、镁、钙等。

推荐年龄

营养师推荐该辅食在2岁以后食用

三丝木耳

准备 **10**min　制作 **15**min

用料： 猪瘦肉丝，木耳，甜椒丝，鸡肉丝，姜丝，香油，鸡蛋清，盐，水淀粉，植物油。

制作方法：

1. 将木耳放入温水中泡开洗净。

2. 猪瘦肉丝和鸡肉丝分别加盐、水淀粉和鸡蛋清拌匀。

3. 爆香姜丝，放入猪瘦肉丝和鸡肉丝翻炒。

4. 炒至肉丝变色时，放入木耳、甜椒丝和少量水，加盐调味。

5. 最后用水淀粉勾芡，淋上香油即可。

营养师小叮咛

在家也能给宝宝做几道特色菜，如三丝木耳，荤素搭配起来，营养可口。

推荐年龄

营养师推荐该辅食在2岁以后食用

西蓝花烧豆腐

准备 **10**min　做饭 **20**min

用料：西蓝花，卤水豆腐，葱末，姜末，植物油，红椒，盐，胡椒粉，蚝油，水淀粉。

制作方法：

1. 西蓝花洗净，切成小朵；卤水豆腐切块；红椒洗净切段。

2. 起锅热油，卤水豆腐用小火煎略黄，盛出备用；西蓝花用滚水氽熟备用。

3. 另起锅放油，爆香姜末、葱末，将红椒翻炒均匀，再依次倒入西蓝花、豆腐，轻轻翻炒几下，用盐、胡椒粉、蚝油调味，最后勾薄芡即可。

营养师小叮咛

西蓝花中矿物质成分更全面，号称"蔬菜之王"，含有丰富的维生素 C。

推荐年龄

营养师推荐该辅食在 2 岁以后食用

水果蔬菜食谱

香菇炒土豆条

用料：土豆，香菇，彩椒（青、红），植物油，盐，酱油。

制作方法：1.土豆去皮，洗净切成略粗的条（比较易熟，而且香）；香菇洗净切成条；彩椒洗净切成等大的块。

2.起锅加热植物油，将土豆条煎至7成熟加入香菇条翻炒，同时淋酱油，快熟时放入青、红椒块，并用盐调味。

推荐年龄：2岁以后

营养师小叮咛：香菇含有多种维生素、矿物质，素有"山珍之王"的美誉。

清炒绿豆芽

用料：绿豆芽，植物油，香葱，姜末，盐，蚝油。

制作方法：1.绿豆芽洗净择去小尾巴，放入沸水中氽半分钟，过凉水后控干备用。

2.起锅加热少许植物油，爆香葱、姜末，倒入绿豆芽快速翻炒，中间淋一点点水，用盐、蚝油调味，待水收干后即可出锅。

推荐年龄：2岁以后

营养师小叮咛：绿豆芽清脆，容易炒熟，但营养价值不如黄豆芽。但黄豆芽不太容易消化。

东坡豆腐

用料：豆腐，竹笋，香菇，西蓝花、植物油，面粉，盐，葱末，姜末。

制作方法：1.西蓝花洗净后用加盐的沸水氽熟；豆腐切大块，放入面粉、盐调制的面糊中挂糊，再放入油锅中炸至金黄色；捞出竹笋洗净切条，香菇洗净切片。

2.起锅热植物油，爆香葱末、姜末，倒入竹笋条和香菇片翻炒均匀，放入西蓝花和炸好的豆腐，搅拌均匀后用盐调味。

推荐年龄：2岁以后

营养师小叮咛：豆腐的营养价值很高，东坡豆腐是一道比较有特色的菜肴。

尖椒可用青椒代替。

蒜蓉蒸丝瓜

用料：丝瓜，蒜，麻油，生抽，植物油、盐。

制作方法：1.将丝瓜去皮切成大小均匀的段，然后一块块地码在碟子上；将蒜去皮后捣成蒜泥。

2.把丝瓜放到蒸锅中蒸5分钟。

3.炒锅加热后放植物油，油八成热时把蒜蓉放进去，用小火慢慢煸炒，等蒜蓉变黄以后倒入生抽和盐，搅拌均匀后直接浇在蒸好的丝瓜上，淋少许香油即可。

推荐年龄：2岁以后

🍚 **营养师小叮咛**：蒜蓉蒸丝瓜做法简单，吃法健康。

芦笋炒百合

用料：芦笋，百合，植物油，香葱，姜末，盐，酱油，水淀粉。

制作方法：1.芦笋洗净后切成段；百合洗净。

2.芦笋、百合焯水；炒锅热植物油，爆香葱、姜末后放入芦笋、百合一起翻炒，最后用盐、酱油调味，用水淀粉勾芡即可。

推荐年龄：2岁以后

🍚 **营养师小叮咛**：芦笋有鲜美芳香的风味，含有丰富的膳食纤维，有利于增加膳食纤维的摄入。

素炒茭白

用料：茭白，紫甘蓝，尖椒，植物油，葱末，姜末，酱油，盐。

制作方法：1.所有食材洗净；茭白切滚刀块，紫甘蓝撕大片，尖椒切段。

2.炒锅热植物油，爆香葱末、姜末后放茭白块翻炒，淋入适量热水搅拌均匀，待茭白八成熟时放入尖椒段和紫甘蓝片，搅拌均匀后用盐、酱油调味后出锅即可。

推荐年龄：2岁以后

🍚 **营养师小叮咛**：茭白在一些地方深受欢迎，既可以素炒，也可与肉搭配。

红烧板栗

用料：板栗，茭白、青椒、红椒，植物油，盐，葱末，姜末，酱油，白糖，水淀粉。

制作方法：1. 板栗剥皮，茭白切滚刀块，青椒、红椒洗净切块。

2. 板栗和茭白块用油煎后备用。

3. 炒锅热油，爆香葱末、姜末后放入所有食材翻炒，加入酱油、白糖、盐调味，并加适量热水，水沸后用小火焖 5 分钟后，用水淀粉勾芡后出锅。

推荐年龄：2 岁以后

营养师小叮咛：板栗属于坚果类，但碳水化合物含量多，不像核桃等那么油腻。

板栗扒白菜

用料：白菜心，板栗，葱段，姜末，水淀粉，盐，植物油。

制作方法：1. 白菜心洗净，切成小片，先放入锅内煸炒；板栗洗净，放入热水锅中煮熟，取出备用。

2. 油锅烧热，放入葱段、姜末炒香，接着放入白菜片与板栗，用水淀粉勾芡，加盐调味即可。

推荐年龄：3 岁以后

营养师小叮咛：板栗含有丰富的淀粉、维生素 C、烟酸等。

紫甘蓝沙拉

用料：紫甘蓝，红椒，玉米粒，蛋黄酱，橄榄油。

制作方法：1. 紫甘蓝剥去老叶，洗净，切细条；红椒洗净切小块；玉米粒煮熟。

2. 紫甘蓝条焯水 1 分钟，捞出沥干备用。

3. 紫甘蓝晾凉后放入容器内，加红椒块、玉米粒和蛋黄酱、香油拌匀即可。

推荐年龄：3 岁以后

营养师小叮咛：紫甘蓝含有丰富的维生素 C、原青花素等，红椒不辣，含有丰富的维生素 C。

脆爽红白萝卜条

用料：白萝卜，胡萝卜，白糖，白醋，泡椒。

制作方法：1.白萝卜洗净，切细条；胡萝卜洗净，切细条。

2.放入容器内，加入白糖、白醋、泡椒，搅拌均匀。

3.盖上保鲜膜，放入冰箱冷藏，2小时后即可食用。

推荐年龄：3岁以后

 **营养师小叮咛**：孩子可能不喜欢胡萝卜、白萝卜，但做成脆爽红白萝卜条说不定就喜欢了。

豆角牛肉烧荸荠

用料：豆角，荸荠，牛肉，葱末、姜末，盐，水淀粉，高汤，植物油。

制作方法：1.荸荠削去外皮，切成片；豆角洗净斜切成段；牛肉切成片，用葱末、姜末和盐、水淀粉拌匀腌10分钟。

2.锅内放油烧热，下牛肉片用小火炒至变色，下豆角段炒匀，再放入余下的葱末、姜末，加高汤烧至微熟。下荸荠片，炒匀至熟，加适量盐，出锅即可。

推荐年龄：3岁以后

营养师小叮咛：荸荠吃起来脆脆的，与豆角、牛肉一起烧制，味道更加不一般。

清口大拌菜

用料：黄瓜，小西红柿，苦菊，生菜，红椒、黄椒，紫甘蓝，油炸花生米，杏仁，香油，醋，生抽，白糖，盐。

制作方法：1.将所有蔬菜洗净，放入淡盐水中浸泡5分钟。

2.苦菊、生菜、彩椒、紫甘蓝洗净撕成小块，小西红柿对半切开，黄瓜切片后一起放入容器中。取适量香油、醋、生抽、白糖、盐以及油炸花生米倒入蔬菜中，拌匀。

推荐年龄：3岁以后

营养师小叮咛：绿色蔬菜之所以营养价值相对高，是因为富含维生素C、钾、钙等营养素。

荸荠烧豆腐

用料：豆腐，白菜叶，荸荠，香菇，胡萝卜，芹菜，盐，酱油，胡椒粉，水淀粉。

制作方法：1. 白菜叶洗净氽熟；香菇洗净切末；荸荠、胡萝卜洗净后去皮切末；芹菜切末。

2. 豆腐捣成泥，加入步骤 1 的所有材料，加调味料调味，做馅料。

3. 取一片白菜叶抹少许水淀粉倒入适量馅料，包卷起来，放盘子上。将白菜卷蒸 15 分钟左右。

推荐年龄：3 岁以后

营养师小叮咛：豆腐与蔬菜搭配，可以将营养与美味相结合，这道菜体现了食物的多样性。

香菇豆腐

用料：豆腐，香菇，枸杞，香菜，葱末，姜末，植物油，盐，酱油，孜然粉，咖喱粉，干辣椒，花椒。

制作方法：1. 豆腐切薄片煎至两面金黄后备用。

2. 炒锅放植物油，烧至八成热后放干辣椒、花椒炸出香味后放葱末、姜末，爆香后加豆腐炒制。将香菇、枸杞放入后，加入酱油、孜然粉、咖喱粉、盐和适量开水炖制。

3. 汤汁较少时加香菜出锅即可。

推荐年龄：3 岁以后

营养师小叮咛：香菇可以搭配出很多菜肴，孩子的饮食也需要注意食物多样性。

豆腐烧青椒

用料：豆腐，青椒、红椒，植物油，盐，酱油，葱，干辣椒。

制作方法：1. 将豆腐切薄片后入油锅煎至两面金黄，青红椒洗净切块备用。

2. 另起锅入油，放入干辣椒和葱爆香后加入豆腐翻炒，搅拌均匀后放入青红椒翻炒，用盐、酱油调味后即可出锅。

推荐年龄：3 岁以后

营养师小叮咛：青椒、红椒维生素 C 含量特别丰富，可以帮助宝宝提高抵抗力，还可以促进铁的吸收。

地三鲜

用料：土豆，茄子，青椒，植物油，香菜，葱末，姜末，豆豉，咖喱粉，花椒粉，酱油。

制作方法：1.土豆、茄子洗净均切成滚刀块；青椒切段。

2.炒锅热植物油，将土豆块和茄子块煎至两面金黄色捞出控油。

3.另起锅，爆香葱末、姜末后放入青椒段与土豆、茄子块，翻炒均匀后放入豆豉、咖喱粉、花椒粉、酱油调味，出锅可点缀少量香菜。

推荐年龄：3 岁以后

营养师小叮咛：根据孩子的年龄选择调料，3 岁以内最好不吃辛辣的食物。

糖醋苦瓜

用料：苦瓜、红椒，植物油，盐，白糖，醋，葱末，姜末。

制作方法：1.苦瓜去蒂后切成两半，去籽洗净后切成薄片，加盐腌制后除去水分；红椒洗净切成块。

2.炒锅热油，爆香葱末、姜末后倒入苦瓜爆炒 2 分钟，出锅。

3.另起锅，热油后加入葱末、姜末、红椒，爆香后倒入苦瓜翻炒，以盐、白糖、醋调味后出锅。

推荐年龄：3 岁以后

营养师小叮咛：苦瓜吃起来确实有苦味，可以让孩子尝尝这道苦菜，吃点"苦"。

木耳炒鸡蛋

用料：鸡蛋，木耳，蒜苗，西红柿，盐，植物油。

制作方法：1.西红柿洗净切块，木耳泡发洗净，蒜苗洗净切段备用。

2.鸡蛋加入适量盐，打成蛋液。

3.油锅烧热倒入鸡蛋液，炒成块，盛出备用。

4.油锅烧热，加入蒜苗翻炒均匀，加入木耳和西红柿，倒入鸡蛋块，翻炒均匀后，加入适量盐，装盘即可。

推荐年龄：3 岁以后

营养师小叮咛：鸡蛋黄中的卵磷脂、卵黄素等，对神经系统和身体发育有很大作用。

第四章
海产品、肉蛋类，最营养的食物

　　鱼、禽、蛋和瘦肉均属于动物性食物，是人类优质蛋白、B 族维生素和铁、锌的良好来源，猪肉含维生素 B_1 高达 0.54 毫克 /100 克，牛肉中含烟酸很高，因此，禽畜肉也是平衡膳食的重要组成部分。

　　动物性食物中蛋白质不仅含量高，而且氨基酸组成更适合人体需要，尤其富含赖氨酸和蛋氨酸，如与谷类食物搭配食用可明显发挥蛋白质互补作用。

　　鱼类脂肪含量一般较低，且含有较多的多不饱和脂肪酸如 EPA 和 DHA，尤其是深海鱼类。

　　蛋类富含优质蛋白质，各种营养成分比较齐全，是很经济的优质蛋白质来源。

　　但是，畜肉含有较多的饱和脂肪酸和胆固醇，大量进食可增加患心血管疾病、肥胖症等慢性疾病的发生风险，畜肉中的血红素铁具有促进黏膜细胞增殖、脂质发生过氧化等作用，大量进食则可能增加直肠癌的发病风险。

宝宝拒吃鱼类怎么办

案例1：宝宝2岁了，8个月时开始添加的辅食，但一直拒绝食用鱼肉类。曾给宝宝喝过少量的鲫鱼汤，吃得不是很开心。这该怎么办呢？

案例2：宝宝马上就6岁了，6个月时开始添加的辅食，但鱼类食品都不吃。曾经很用心地给宝宝做武昌鱼鱼肉圆，选用的都是最新鲜、最有营养的鱼肉，但宝宝还是拒绝吃，嫌弃有腥气。我该怎么做呢？

案例3：宝宝5岁多，5个多月时就添加辅食了，一直不吃任何的鱼类制品。我曾熬过鱼汤，做过清蒸鱼、红烧鱼等，宝宝都嫌弃有腥气，我也一直在琢磨怎么才能彻底去掉腥气，其实我做完的鱼制品都是经过除腥处理的，出现这种情况是宝宝太挑剔吗？

刘医生教你"对付"拒吃鱼类的宝宝。

儿科营养师跟妈妈说

如果宝宝出现了不吃鱼类制品的情况，建议家长要这样去做。

爸爸妈妈不要在宝宝面前表现自己的喜好。爸爸妈妈应该努力为宝宝习惯吃各种食物创造条件，即使自己不吃的某种食物也要给宝宝吃，并且尽量不表现出来，绝不能因自己不吃而影响宝宝。

如果宝宝出现拒绝食用的情况，爸爸妈妈也不要生硬地坚持让宝宝食用，不吃时就换另一种宝宝爱吃的，但要坚持多次去做，制作方法及时更换，清蒸的不吃，换红烧试一下，每次少量，等到宝宝接受后再慢慢增加。

在宝宝出现拒绝某种食品时，爸爸妈妈的态度很关键。一定不要过于紧张，更不要如临大敌似的，宝宝适应之后就会慢慢接受，如果最后还是不接受，可换其他含同样营养成分的食品代替。

2~3岁的宝宝每天应摄入肉类、蛋类、鱼虾等共50~75克，4~5岁的宝宝每天应摄入100~150克。因此，最好每周有1~2次海鱼，来获取较多的DHA。为了避免孩子吃鱼会卡着，尽量选择刺少的鱼，如鲈鱼、黑鱼等，也可以做成鱼圆。

有的家长喜欢用肉或鱼给宝宝炖汤，认为汤里很有营养。其实，营养主要还是保留在肉里，所以注意肉类或鱼类的摄入。

鱼类的营养成分 DHA

经常看电视的家长对"DHA，让宝宝智力发育好，更聪明"这一类型的广告词并不陌生。

DHA 即二十二碳六烯酸，是一种对人体非常重要的 ω-3 系列多不饱和脂肪酸。人体内的 DHA 有一部分可由 α- 亚麻酸衍化而成，即 α- 亚麻酸进入人体后，在去饱和酶和碳链延长酶的作用下，通过去饱和、延长链后衍生为 EPA 和 DHA。

宝宝需要多少 DHA

DHA 是人的大脑和视网膜的重要组成部分，世界卫生组织（WHO）及国际脂肪酸和类脂研究学会（ISSFAL）及中国营养学会一致推荐，婴幼儿需每日摄入 100 毫克 DHA。

对于 1~2 岁的宝宝，通常情况下可以通过母乳或强化 DHA 的奶粉获得一定量的 DHA，除此之外，还可以从天然食物中摄取 DHA，包括海鱼、淡水鱼以及海藻类。如果宝宝很少吃鱼或对鱼类过敏，而从其他食物摄入 DHA 较少，可以考虑选择 DHA 补充剂，但不建议大剂量补充。任何营养素的摄入都必须在一个适度的范围内，营养素摄入量水平超过人体可耐受的最高摄入量，产生毒副作用的可能性就会增加。

TIP

如果宝宝吃鱼很少，甚至不吃鱼，要及时、适当地补充 DHA。

常见鱼中的 DHA 含量

	种类	DHA（毫克/100 克）
河鱼	黄鳝	11.2
	草鱼	31.2
	青鱼	46.2
	鲫鱼	29.7
	鳊鱼	75.6
海鱼	鲈鱼（海）	139.4
	带鱼	259.7
	鳗鱼	415
	大黄花鱼	127.5
	小黄花鱼	336
	沙丁鱼	108.9
	鲳鱼	58.4

TIP

食物过敏≠终身禁食。婴儿期对牛奶蛋白过敏、鸡蛋过敏,1岁以后可能就不再过敏。

鱼虾过敏怎么办

食物过敏也称为食物的超敏反应,是指所摄入体内的食物中的某些组成蛋白的成分,作为抗原诱导机体产生免疫应答而发生的一种变态反应性疾病。简单来说,食物过敏就是当进食某种食物时,机体会把这种物质当作"入侵者",同时产生一种抗体,当再次接触这种物质后,身体会发出指令通知免疫系统释放组胺对抗"入侵者",进而引发一系列临床症状。

吃鱼虾后过敏怎么办

鱼、虾类食物营养丰富,也是我们日常饮食中获得优质蛋白等营养素的重要来源之一,但对于有过敏体质的宝宝来说,进食鱼虾可能会导致过敏。

在生活中有一部分家长曾反映宝宝有过敏症状,家长很着急,却也很无奈,在此提醒家长们,过敏体质并不可怕,用心、科学地喂养,孩子也能健康成长。

预防鱼虾过敏的措施

宝宝如果是过敏体质,妈妈就要十分小心了。

如果宝宝确定是鱼虾过敏,那么家长应该将鱼虾以及含有鱼虾成分的所有食物从宝宝的食谱中去除,避免再次接触或食用到鱼虾,进而避免再次发生过敏现象,3个月后,可以再次进行尝试。

保证优质蛋白质的摄入,畜禽肉、豆及豆制品、奶及奶制品都是优质蛋白质的良好来源。食物制作上,应该细碎松软,以便于宝宝咀嚼吞咽、消化吸收。保证优质油脂的摄入,增加ω-3脂肪酸的摄入,可以从富含不饱和脂肪酸的食物中获取(核桃油、亚麻籽油等),也可以选择营养补充剂,但是应避免食用鱼油,以防发生过敏。补充DHA可以选择藻油。

要告知其他家庭成员及亲戚朋友,避免意外食用鱼虾引起过敏;当宝宝发生急性过敏反应时,可及时采取相关措施,必要时备上抗过敏药。

宝宝对鱼虾过敏不一定是终身对鱼虾过敏,一般过敏宝宝在避免食用鱼虾一段时间后,会不再过敏。所以3个月后,可以再次尝试食用鱼虾,不少过敏宝宝可能不再会出现过敏症状。

防患于未然，让宝宝少受罪

母乳喂养可有效预防过敏：母乳喂养是公认的预防婴儿期过敏性疾病最有效、最廉价的方法。纯母乳喂养可降低婴儿期异种蛋白摄入，于出生后有一个充分的时间段，使消化系统和免疫系统得以进一步发育成熟。同时，母乳中许多已知或未知生物活性成分，也对过敏性疾病的发生具有重要的预防作用。

食物回避：预防食物过敏者发生食物过敏的唯一方法是避免食用含有过敏原的食物。为了弄清楚过敏原是什么，需要家长在生活中仔细观察，当孩子在吃了某种食物后发生过敏现象，应该停止进食这种食物一段时间，观察过敏的症状有没有改善，初步判断这种食物是否是过敏原，或者借助医院实验室的检查手段，如皮肤点刺和血清学检查，找出食物过敏原，一旦确定食物过敏原后应严格回避一段时间再进食。

替代疗法：即用其他的食物代替过敏的食物，比如对牛奶过敏的孩子可以改喝水解的奶。对含有小麦麸质蛋白的谷物过敏的孩子，就要回避食用该成分的制品。生食物比熟食物更易引起过敏，烹调和加热可使部分食物抗原失去致敏性，所以通过加热等方式可能会降低过敏的发生。食物过敏反应的特定症状和严重程度受摄入的过敏原量以及过敏者敏感性的影响。食物过敏是累及多个系统的一种疾病，更加严重的过敏性反应可以导致休克、血压骤降、脉搏次数增加、失去意识等，所以对于有过敏体质宝宝的家庭来说，有必要备着抗过敏的药。

TIP

给宝宝添加辅食初期，先一种一种的尝试，每次从少量开始，看看有没有过敏的现象。

常见过敏症状

部位	症状
皮肤	湿疹、红斑、红疹、瘙痒、荨麻疹、皮肤干燥、眼皮水肿、嘴唇肿胀等
消化系统、肠道	便秘、恶心、呕吐、腹泻、腹痛、肠道出血、便秘和腹泻交替、胃食管反流等
鼻	打喷嚏、流鼻涕、鼻痒、鼻塞
肺	喘息、胸闷、呼吸困难、咳嗽
眼	干痒、结膜充血、眼睑疼痛、流泪

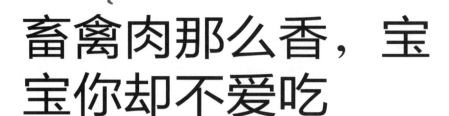

畜禽肉那么香，宝宝你却不爱吃

案例 1：宝宝 26 个月，6 个月时加的辅食，刚开始只有蛋黄和少量的米粉，后来逐渐加了菠菜、胡萝卜、荷兰豆等蔬菜，但宝宝一直不吃，再到后来又将猪肉和蔬菜一起剁成馅做肉丸，宝宝还是不吃。这该怎么办？

案例 2：宝宝快 4 岁了，母乳喂养直至 18 个月。6 个月时加的辅食，刚开始胃口很好，从 1 岁多开始就不爱吃辅食了，蔬菜、水果和各种肉食换了很多花样，宝宝都很排斥。偶尔会吃些鸡肉，其他肉都不吃。这需要做哪些检查吗？

案例 3：宝宝 5 岁，小时候没有母乳，一直是人工配方奶粉喂养。自 8 个月时加的辅食，只吃鸡肉，并且只吃鸡腿肉。牛、羊肉和猪肉都不吃，说有腥气，曾尝试更换过红烧、清炖、蒸制等各种烹饪方法，宝宝的兴趣不高，偶尔只是尝尝。抵抗力差，动辄就会生病。这该怎么办？

刘医生教你让宝宝接受畜禽肉。

儿科营养师跟妈妈说

很多妈妈们反映，孩子不爱吃畜禽肉，尤其不爱吃畜禽瘦肉，吃肥肉还是可以接受的，能表达的孩子会说，瘦肉容易塞牙，而肥肉容易咽下去，也更香。这就提示了家长们，给孩子吃的畜禽肉类一定要烂，或者变换一下花样，让孩子能够接受。

畜禽肉是指畜类和禽类的肉，畜类指猪、牛、羊、兔等牲畜的肌肉、内脏及其制品；禽类是指鸡、鸭、鹅、火鸡、鹌鹑、鸽等的肌肉及其制品。畜禽肉的营养价值较高，饱腹作用强，可加工烹制成各种美味佳肴。

禽畜肉类还是蛋白质、铁、锌、维生素 A 等营养素良好的来源。因此，每天可以给孩子适量安排点禽畜肉，当然也不建议给孩子吃过多的肉，尤其是红肉，否则会使饱和脂肪摄入过多，长期食用红肉容易发生超重或肥胖，但对于消瘦的孩子，可以适量增加荤菜的摄入。

畜肉呈暗红色，故有"红肉"之称；而禽肉及水产动物的肉色较浅，呈白色，故又称"白肉"。因畜类动物的种类、年龄、肥瘦程度以及部位不同，其营养成分差别很大。畜肉的蛋白质含量一般为 10%~20%，其氨基酸组成与人体需要较接近，营养价值较高。畜肉中猪肉脂肪含量最高，平均为18%，羊肉次之，牛肉最低。应注意的是，同样是瘦肉，但脂肪含量差别较大，如牛里脊肉中脂肪含量为 1.6%，而猪里脊肉中脂肪可达 7.9%。畜类肝脏除富含蛋白质和脂类外，维生素 A、B 族维生素、铁的含量很高。每 100 克羊肝和牛肝中维生素 A 含量可达 0.02 克以上。畜类内脏都含有较高水平的胆固醇，以脑为最高，每 100 克脑中含 2000 毫克以上，其他脏器在 300 毫克左右，是瘦肉的 2~3 倍；畜肉中铁主要以血红素铁形式存在，有较高的生物利用率，但如果每天摄入过多的血红素铁会促进黏膜细胞增殖、脂质发生过氧化等，增加直肠癌的发病风险。

禽肉蛋白质含量为 16%~20%，其中鸡肉和鹌鹑肉的蛋白质含量较高，约达 20%；鹅肉约 18%，鸭肉相对较低，约 16%；心、肝、肾等内脏器官的蛋白质含量略低于肌肉，为 14%~16%。禽类蛋白质的氨基酸组成与鱼类相似，与人体需要接近，利用率较高。

为了健康，应适量摄入禽畜肉，在控制总的荤菜量的基础上，注意鱼虾、蛋类摄入，每周安排 1~2 次肝类即可，每次 25~50 克不等。可以将肉与菜一起做成饺子馅，给孩子包饺子，同时兼顾健康与美味。对于宝宝来说，为了让孩子更容易消化肉类，也可以将肉用高压锅煮烂，或者做成嫩肉丸。

常见动物性蛋白质含量（克/100 克可食部）比较

食物名称	含量	食物名称	含量	食物名称	含量
猪肉（肥瘦）	13.2	鸡	19.3	鲤鱼	17.6
猪肉（瘦）	20.3	鸭	15.5	青鱼	20.1
猪肉（肥）	2.4	鹅	17.9	带鱼	17.7
牛肉（瘦）	20.2	鸡肝	16.6	海鳗	18.8
羊肉（瘦）	20.5	鸭肝	14.5	对虾	18.6
猪肝	19.3	鹅肝	15.2	海蟹	13.8
牛肝	19.8	鸡蛋	12.7	赤贝	13.9
		鸭蛋	12.6	乌贼	15.2
		鸡蛋黄	15.2		
		咸鸭蛋	12.7		

资料来源：中国营养学会编著，《中国居民膳食指南 2016》

刘医生为你解答关于蛋类的一系列问题。

宝宝不吃鸡蛋、鹌鹑蛋等蛋类食品

案例 1：宝宝马上就 6 岁了。宝宝母乳喂养，胃口一直很好，唯独不吃鸡蛋。这事缘于幼儿园老师的一句玩笑话，说煎鸡蛋跟屎似的，宝宝自那以后再也不吃任何的蛋类食品，我曾多次跟宝宝沟通过，宝宝很排斥，后来发展到只要听到有人说某类食品不好吃就坚决不吃了，现在导致宝宝抵抗力差，动辄就会生病，这马上就要上小学了，营养跟不上可怎么办？

案例 2：宝宝 4 岁。6 月龄时开始加的辅食。刚开始只有鸡蛋黄和少量的米粉，宝宝就不吃，用舌头往外顶，后来蛋黄里逐渐加了一些蔬菜，如菠菜、胡萝卜、荷兰豆等，宝宝不爱吃，偶尔会吃几口，这该怎么办？

儿科营养师跟妈妈说

以上几位妈妈的描述具有普遍性。蛋类尤其是蛋黄是卵磷脂、维生素 A、B 族维生素、锌和叶酸等的良好来源。

一位老同学曾经告诉我："我家妞 4 个多月了，开始添加蛋黄了，宝宝可以吃到 1/4 个蛋黄了。"原来，这位老同学和很多家长一样，还在遵守着"传统"观念——婴儿辅食首选蛋黄！宝宝辅食首选蛋黄的说法，曾经出现在旧版本的儿科相关教材里。这种观点至今还影响着很多人，大家依然还在遵守着这个理念。但无论是《中国居民膳食指南2016》还是在国外的膳食指南上，都没推荐婴儿辅食首选蛋黄，而是富含铁的辅食。

蛋黄不是婴儿首选辅助食品？

不建议蛋黄作为首选辅食的主要原因可能是蛋黄并非补铁的最佳食品。蛋黄虽然营养丰富，但所含的铁为磷酸铁，吸收率低。1 个蛋黄含铁约 0.4 毫克，由于又是磷酸铁，铁的吸收率低。因此，鸡蛋黄并非补铁佳品，最初的辅食均应富含铁。

鸡蛋、鹌鹑蛋、鸭蛋，营养差别大吗

TIP

各种蛋类的营养价值其实并没有多大区别，妈妈们不必为此感到疑惑。

有很大一部分家长都会有这样的困惑，鸡蛋、鹌鹑蛋、鸭蛋是否都适合宝宝吃？吃的时候需要注意什么？如蛋清、蛋黄根据多大月龄分开吃？不同月龄的宝宝该吃多少分量的蛋等？

鸡蛋、鹌鹑蛋、鸭蛋是否适合宝宝吃，要看宝宝有多大以及是否有过敏等情况。鸡蛋、鹌鹑蛋和鸭蛋的营养价值相差无几。

一般情况下，6 月龄以后的宝宝就可以吃蛋黄了。与蛋黄相比，蛋清容易导致孩子过敏（蛋黄同样会引起孩子过敏，如湿疹，腹泻等症状）。所以一般建议孩子先尝试蛋黄，再开始吃全蛋，但对于 6 月龄以后已经吃整蛋的孩子来说，若没有过敏等症状，就可以继续吃。6 月龄以后的宝宝，可以从少量鸡蛋黄开始尝试，1/8, 1/4, 1/2，逐渐增加蛋黄的量，到 1 岁时，一天可以吃到一个鸡蛋黄。1 岁以后，一天半个到一个鸡蛋量的蛋类就可以。根据具体情况家长们自己把握。对于部分不肯吃蛋类的孩子，不吃也没有关系，注意其他优质蛋白的摄入即可。

需要注意的是，6 月龄以后的婴儿，最先需要的辅食，最好是含铁丰富且容易吸收的食物，如婴儿米粉，肉泥等。蛋黄营养价值相对丰富，可以作为宝宝的辅食之一，但蛋黄中铁含量不高，不要指望蛋黄来补铁。1 岁以内不吃蛋黄没有关系。此外，患过湿疹的宝宝或有过敏家族史的，尝试蛋黄以后如果出现过敏，注意回避 3 个月以上再尝试。

红皮鸡蛋和白皮鸡蛋哪一个更有营养？有什么区别？

其实，无论是红皮鸡蛋还是白皮鸡蛋，营养价值差别不大。

经相关机构检测，柴鸡蛋和普通鸡蛋的营养价值差别不大。鸡蛋和鸭蛋孩子都可以吃，但是腌的咸蛋最好不要给孩子吃，因为含盐量太多，不利于宝宝的健康。

鸡蛋和鹌鹑蛋的营养价值差别不大，都可以给适合吃蛋类的孩子吃。除了鸡蛋、鸭蛋、鹌鹑蛋，还有鹅蛋、鸽子蛋，其实这些蛋类的营养价值基本类似，最好还是给孩子吃最常见的鸡蛋、鹌鹑蛋等。

让宝宝爱上鱼、肉、蛋

西蓝花猪肉泥

用料：西蓝花，猪肉，植物油，玉米淀粉。

制作方法：1.猪肉洗净切块，放入少许的玉米淀粉抓匀；西蓝花切成小朵，放入水中浸泡、洗净捞出。

2.锅中水开后放入西蓝花焯水捞出；平底锅放油，炒至猪肉变色。加入西蓝花，用盐调味，炒匀即可关火。炒熟的菜带汤一起放入搅拌机中，打成泥即可。

推荐年龄：7~8 月龄

🥣 **营养师小叮咛**：猪肉富含优质蛋白、维生素 A、铁、锌等，是宝宝补铁的良好食材。

西红柿鸡肝泥

用料：鸡肝，米粉，西红柿。

制作方法：1.鸡肝洗净，浸泡后煮熟，切成末。

2.西红柿洗净，放在开水中烫一下，捞起后去皮，捣烂，加入鸡肝末、米粉，拌成泥状，蒸 5 分钟即可。

推荐年龄：7~8 月龄

🥣 **营养师小叮咛**：鸡肝富含优质蛋白、铁、锌。

菠菜猪肝泥

用料：猪肝，菠菜叶。

制作方法：1.将菠菜叶洗净，焯水，然后切碎。

2.猪肝洗净，切碎，加入适量水用小火煮，煮熟后加入菠菜叶，再略煮一下即可。

推荐年龄：7~8 月龄

🥣 **营养师小叮咛**：肝类营养丰富，含多种维生素和矿物质。宝宝适量摄入，对健康有利。

鱼泥

用料：鱼肉。

制作方法：1.鱼肉清洗干净后去皮，去刺。

2.放入碗中，上锅蒸熟，将鱼肉捣烂即可。

推荐年龄：7~8 月龄

虾泥

用料：鲜虾肉。

制作方法：1.将鲜虾肉收拾干净，制成肉泥后，放入碗中。

2.碗中加少许的水，上锅隔水蒸熟即可。

推荐年龄：7~8 月龄

蒸鸡蛋羹

用料：鸡蛋，盐。

制作方法：1.鸡蛋磕入碗中打散，加盐调味，温开水兑入蛋液中。用筛网过筛两遍去掉蛋液中的空气，再用厨房纸巾吸掉蛋羹液体表层的残留气泡。

2.盖上保鲜膜，用牙签在保鲜膜上扎几个孔。蒸锅内加水烧开，把碗放入蒸屉上，中小火蒸约 8 分钟即可。

推荐年龄：1 岁以后

营养师小叮咛：鱼类除了含有优质蛋白，还含有一定量的 DHA。

营养师小叮咛：虾含有的优质蛋白高，脂肪低，可以作为宝宝的辅食之一。

营养师小叮咛：鸡蛋中含有丰富的优质蛋白质，卵磷脂，多种维生素和矿物质。

鱼肉粥

用料：小米，鱼肉，香葱，香菜，香油。

制作方法：1.鱼肉洗净去刺，剁成泥；小米淘洗干净；香葱、香菜洗净切末备用。

2.将小米入锅煮成粥，煮熟时下入鱼泥、香油煮熟，加香菜、香葱稍煮即可。

推荐年龄：9 月龄以后

营养师小叮咛：鱼肉肉嫩，还含有丰富的 DHA 或 EPA，尤其是深海鱼。因此，宝宝可常吃鱼肉。

鱼泥豆腐苋菜粥

用料：鱼肉，豆腐，苋菜，大米。

制作方法：1.豆腐洗净切丁；苋菜择洗干净，用开水焯一下，切碎。

2.鱼肉放入盘中，入锅隔水蒸熟，去刺，压成泥。

3.将大米淘洗干净，加水，煮成粥，加入鱼肉泥、豆腐丁与苋菜末，煮熟即可，也可以先把鱼肉、豆腐、苋菜炒一下。

推荐年龄：9 月龄以后

营养师小叮咛：苋菜营养价值高，含有丰富的维生素 C、铁、钙、钾、镁等。

紫菜鸡蛋汤

用料：鸡蛋，紫菜，虾皮，葱花，盐，香油。

制作方法：1.先将紫菜切成片状；鸡蛋打匀成蛋液，在蛋液里放一点盐，搅拌均匀后备用。

2.锅里倒入水，待水煮沸后放入虾皮略煮，再倒入鸡蛋液，搅拌成蛋花；放入紫菜，用中火再继续煮 3 分钟。

3.出锅前放入盐调味，撒上葱花，淋入香油即可。

推荐年龄：1 岁以后

营养师小叮咛：紫菜含有丰富的碘，每周适量摄入，达到补碘的效果。

香菇鸡丝粥

用料：大米，鸡肉，黄花菜，鲜香菇，盐。

制作方法：1. 黄花菜洗净、切段；香菇去蒂、洗净，切丝。

2. 鸡肉洗净、切丝；大米淘洗干净。

3. 将大米、黄花菜段、香菇丝放入锅中煮沸，再放入鸡丝煮至粥熟即可。

推荐年龄：1 岁以后

营养师小叮咛：宝宝不爱喝白开水时，可以试些有特色的汤，补充水分的同时还可以获得营养。

肉丸粥

用料：猪五花肉，大米，鸡蛋清，姜末，葱花，盐，淀粉。

制作方法：1. 将大米淘洗干净备用，五花肉洗净，剁成肉泥，加入葱花、姜末、盐、鸡蛋清和淀粉，同一方向搅拌均匀，静置入味。

2. 锅内放入大米和适量水，大火烧沸。熬至粥将熟时，将步骤1的肉馅挤成丸子状，放入粥内，熬至肉熟即可。

推荐年龄：1 岁以后

营养师小叮咛：对于小朋友，可将肉做成肉丸，方便孩子咀嚼吞咽。吃肉丸时不要整个往宝宝嘴里塞。

芋头牛肉丸子汤

用料：芋头，牛肉，菠菜，鸡蛋清，姜末，葱花，盐，淀粉。

制作方法：1. 芋头削皮洗净，切丁；菠菜去根洗净；将牛肉洗净，搅碎，加入葱花、姜末、盐、鸡蛋清和淀粉，加一点点水沿着同一方向搅拌均匀，搅上劲，做成丸子。

2. 锅内加水，煮沸后，下入牛肉丸子、芋头丁，煮沸后再小火煮熟，加入菠菜、少量盐即可。

推荐年龄：1 岁以后

营养师小叮咛：吃腻土豆、红薯，不妨来点芋头！芋头可以直接蒸着吃，也可与其他食材搭配。

汤要清淡，牛肉不要用太肥的。

菠菜焯水可去除部分叶酸。

西湖牛肉羹

用料：牛肉末，豆腐，胡萝卜，香菇，鸡蛋，姜末，葱花，盐，淀粉，香油。

制作方法：1.所有原料洗净切成末；鸡蛋打在碗中搅拌均匀，少量淀粉加水搅成糊。

2.在锅内放水大火煮开后放入牛肉末、豆腐末、胡萝卜末、香菇末，煮沸后，转小火煲约20分钟，牛肉软烂时倒入鸡蛋液，再加少量水淀粉，加入调料即可。

推荐年龄：1岁以后

🍲 **营养师小叮咛**：将牛肉、豆腐、鸡蛋、胡萝卜、香菇搭配在一起，营养丰富，体现了食物多样性。

青菜胡萝卜鱼圆汤

用料：青菜，鱼肉，海带，胡萝卜，土豆，鸡蛋清，淀粉。

制作方法：1.将鱼肉剔除鱼刺，剁成泥，加鸡蛋清和淀粉，制成鱼圆；青菜择洗干净，用开水焯一下，剁碎；胡萝卜洗净，切成丁；海带洗净，切成丝；土豆去皮洗净，切成丁。

2.锅内加入适量水，放入海带丝、胡萝卜丁、土豆丁煮软，再放入青菜、鱼圆煮熟即可。

推荐年龄：1岁以后

🍲 **营养师小叮咛**：鱼圆汤营养与美味兼顾，吃的时候鱼圆要捣碎，防止噎食。

胡萝卜菠菜鸡蛋盖饭

用料：熟米饭，鸡蛋，胡萝卜，菠菜，葱末，盐，植物油。

制作方法：1.胡萝卜洗净，切丁；菠菜洗净，切碎；鸡蛋打成蛋液。

2.锅中倒植物油，放鸡蛋液炒散。

3.锅中再倒植物油，放葱末煸香，加入胡萝卜丁、菠菜碎、鸡蛋翻炒2分钟，最后加盐调味。

4.将菜倒在熟米饭上即可。

推荐年龄：1岁以后

🍲 **营养师小叮咛**：菠菜中有大量的叶酸等微量营养素，营养十分丰富。

面疙瘩打得尽可能小。

甜嫩可口且营养丰富。

西红柿鸡蛋疙瘩汤

用料：面粉，西红柿，鸡蛋，盐，植物油。

制作方法：1.面粉边加水边用筷子搅拌成絮状，静置10分钟；鸡蛋打散；西红柿洗净，切小块。

2.锅中放植物油，倒入西红柿炒3~5分钟，加入适量水。

3.再将面疙瘩慢慢倒入西红柿汤中煮3分钟后缓慢倒入鸡蛋液搅开，放盐即可。

推荐年龄：1岁以后

营养师小叮咛：有些小孩平时不喜欢吃饭，可以给孩子做一点西红柿疙瘩汤，有开胃作用。

蛋黄焗土豆胡萝卜

用料：鸡蛋，胡萝卜，土豆，植物油。

制作方法：1.土豆去皮后洗净切块，放蒸锅蒸制20分钟；胡萝卜洗净切碎末；炒锅热油，放入胡萝卜碎末炒至变软。

2.蒸好的土豆加适量温水压成泥后与炒软的胡萝卜碎末搅拌均匀。

3.将蛋黄加入土豆胡萝卜泥搅拌均匀后入烤箱170℃烤制20分钟。

推荐年龄：1岁以后

营养师小叮咛：胡萝卜含有大量胡萝卜素，吃多了皮肤会发黄，适量即可。

肉末炒菠菜

用料：猪瘦肉，菠菜，盐，水淀粉。

制作方法：1.将猪瘦肉剁成末；菠菜洗净后切段。

2.锅内倒入适量的水烧开，放入菠菜余烫至8成熟，捞起沥干水后备用。

3.另起锅，将猪瘦肉末用小火翻炒变色后，再加入菠菜段，放盐调味。

4.最后用水淀粉勾芡即可。

推荐年龄：1岁以后

营养师小叮咛：菠菜也可以和豆腐一起吃，做成菠菜豆腐羹。

鱼、肉、蛋食谱

苋菜鱼丸汤

准备 **10**min 制作 **15**min

用料：鱼肉馅，苋菜，高汤，枸杞子，香油，盐。

制作方法：

1. 将苋菜择好，洗净。
2. 锅中煮开高汤，把鱼肉馅在沾水的手掌上搓成丸子，加入高汤内煮 3 分钟。

3. 再加入苋菜和枸杞子略煮，最后调入盐和香油即可。

营养师小叮咛

苋菜的维生素 C 含量高，富含钙、磷、铁等营养物质。

推荐年龄

营养师推荐该辅食在 1 岁以后食用

香菇鸡肉粥

准备 **10**min 制作 **40**min

用料：大米，鸡肉，鲜香菇，红枣，麻油，盐。

制作方法：

1. 大米淘洗干净备用。
2. 鸡肉洗净、剁碎；香菇洗净去蒂，切丁；红枣洗净去核。
3. 大米放入锅中，加入适量的水，熬成粥，加入鸡肉丁、香菇丁、红枣，用小火煮熟即可，

最后加少量的盐和麻油。也可以用电高压锅的煮粥模式煮熟即可。

营养师小叮咛

吃腻了白米粥，不妨换换口味，香菇鸡肉粥将主食、荤菜和蔬菜相结合，荤素搭配。

推荐年龄

营养师推荐该辅食在 1 岁以后食用

肉末茄子

准备 **10**min　制作 **15**min

用料：猪肉末，长茄子，葱末，姜末，蒜末，植物油，盐，甜面酱、老抽、白糖。

制作方法：

1. 炒锅烧热后放油，油六成热时放入已洗净切成小段的去皮茄子，小火煎制，可盖盖焖一会儿。备用，也可低温油锅炸一下。

2. 另起锅，油烧热后放入肉末煸炒，肉末变色后加入葱末、姜末、蒜末炒香。

3. 加入甜面酱、老抽、白糖、盐煸炒片刻。

4. 加入煎好的茄子。

5. 搅拌均匀后即可。

推荐年龄

营养师推荐该辅食在 1 岁以后食用

鱼、肉、蛋食谱

火一定要小，不要煎煳。

香蕉鸡蛋饼

用料：面粉，香蕉，鸡蛋，植物油。

制作方法：1.面粉加适量水调成糊状；将半根香蕉搅打成泥状。

2.面糊和香蕉泥充分搅拌后加入打散的鸡蛋继续搅拌，直至完全融合。

3.平底锅加热后放适量植物油，将面糊倒入锅中，小火煎制。

4.一面煎至金黄色后翻面继续煎。

5.两面均为金黄色后关火即可。

推荐年龄：1 岁以后

营养师小叮咛：香蕉香甜味美，富含碳水化合物，营养丰富，做成香蕉鸡蛋饼，营养又美味。

韭菜鸡蛋小馄饨

用料：鸡蛋，嫩韭菜，面粉，麻油，盐，葱花。

制作方法：1.韭菜洗净控水，切成碎末，鸡蛋炒散后将韭菜加入搅拌成馅，加麻油和盐调味。将面和成面团静置 20 分钟备用。

2.将面团擀成片后切成菱形片，包馅。水烧沸后将馄饨放入，煮3~5 分钟，撒上葱花即可。

推荐年龄：1 岁以后

营养师小叮咛：因韭菜含有较多的粗纤维，注意切碎一点。

虾仁豆腐

用料：豆腐，虾仁，植物油，葱末，姜末，盐。

制作方法：1.豆腐洗净，切丁；虾仁洗净切丁。

2.炒锅烧热，加适量植物油，放虾仁炒熟，再放入豆腐丁同炒，最后加葱末、姜末和盐调味翻炒均匀即可。

推荐年龄：1 岁以后

营养师小叮咛：虾含有丰富的蛋白质，还含有丰富的矿物质，如钙、钾、硒等。

颜色发红，壳肉变软的虾不新鲜。

蒸鱼不要太久，肉容易老。

多汁熟透的西红柿炒鸡蛋更好吃

鲜虾粥

用料：鲜虾，大米，盐。

制作方法：1.鲜虾洗净，去头，去壳，去虾线，切成小丁。

2.大米淘洗干净，加水煮成粥，再加鲜虾丁，搅拌均匀，煮 3 分钟即可。

推荐年龄：1 岁以后

清蒸鲈鱼

用料：鲈鱼，姜丝，葱丝，盐，料酒，酱油。

制作方法：1.将鲈鱼去除内脏，收拾干净，洗净，擦干鲈鱼身上多余的水分，放入蒸盘中。

2.将姜丝、葱丝放入鱼盘中，加入盐、酱油、料酒。

3.大火烧开蒸锅中的水，放入鱼盘，大火蒸 8~10 分钟，鱼熟后立即取出。最后可用新鲜葱丝或青红椒丝点缀。

推荐年龄：1 岁以后

西红柿炒鸡蛋

用料：西红柿，鸡蛋，盐，葱花，植物油。

制作方法：1.西红柿洗净去蒂后，切成块；鸡蛋打入碗内，加入适量盐搅匀，用热油炒散盛出。

2.将植物油放入锅内，放入葱花爆香后放入西红柿和炒散的鸡蛋，加入盐翻炒均匀即可。

推荐年龄：1 岁以后

营养师小叮咛：虾富含优质蛋白质且低脂。

营养师小叮咛：每周适量摄入鱼肉，控制红肉类摄入，有利于摄入 DHA。

营养师小叮咛：西红柿炒鸡蛋可谓最常见的家常菜，深受很多人的喜爱，营养与美味兼备。

明虾炖豆腐

用料：虾，豆腐，香菜，姜片，盐，高汤。

制作方法：1.将虾线挑出，去掉虾须，洗净；豆腐切成小块。

2.锅内放水置火上烧沸，将虾和豆腐块放入汆一下，盛出控水备用。

3.另起锅，加入高汤，放入虾、豆腐块和姜片，煮沸后撇去浮沫，转小火炖至虾肉熟透，最后放入盐调味，撒上香菜即可。

推荐年龄：1岁以后

 **营养师小叮咛**：虾仁和豆腐都属于高蛋白食物，既可以一起炒，也可以炖汤。

干贝灌汤饺

用料：面粉，肉馅，干贝，琼脂冻，姜末，盐，植物油。

制作方法：1.将面粉加适量水和盐，揉成面团，擀成圆皮；琼脂冻切成小丁。

2.干贝用温水泡发、撕碎，然后和肉馅、姜末、盐以及适量植物油调制成馅。

3.取面皮包入馅料和琼脂冻丁，捏成月牙形，煮熟即可。

推荐年龄：1岁以后

营养师小叮咛：干贝含有丰富的蛋白质、钾、镁、钙、铁、锌和一定量的碘。

黄豆酱蒸鱼

用料：武昌鱼，葱丝，姜丝，黄豆酱，盐，香菜。

制作方法：1.武昌鱼刮去鳞，去内脏，鱼背浅割一刀，清洗干净。

2.用盐涂抹鱼身腌制15分钟，在鱼肚内塞满葱丝、姜丝，再在鱼的表面涂上一层黄豆酱。

3.蒸锅内水烧开，放上鱼盘，加盖大火蒸10分钟。

4.炒锅加热后放油，烧热后浇在鱼身上，最后用香菜点缀即可。

推荐年龄：2岁以后

营养师小叮咛：武昌鱼以其肉质鲜嫩出名，以清蒸的方式，才能最大程度保持原汁原味。

滑蛋虾仁

用料：鸡蛋，虾，牛奶，植物油，盐。

制作方法：1.虾去皮、去头、去虾线后切成小块。将鸡蛋打散后加入少量牛奶搅拌均匀。

2.炒锅热油，放入虾仁块煸炒至微红色，改小火，将牛奶蛋液慢慢淋入锅中，一边倒入一边迅速翻炒，至蛋液凝固后加盐调味即可。

推荐年龄：1 岁以后

 营养师小叮咛：鸡蛋黄中的卵磷脂、胆固醇和卵黄素，对身体发育有好处。

蒜蓉粉丝蒸大虾

用料：虾，粉丝，蒜，料酒，生抽，盐，香葱末，植物油。

制作方法：1.虾处理后倒少许料酒和生抽腌制。蒜捣成蒜蓉；炒锅热油，三成热时放入一些蒜蓉，小火煸出香味后关火，倒入一些蒜蓉和少许盐后拌匀。

2.粉丝泡软后放盘上，然后放虾，在虾上铺蒜蓉。最后将腌制虾肉的料酒及生抽浇上，入锅蒸 8 分钟。最后出锅时撒上香葱末即可。

推荐年龄：2 岁以后

营养师小叮咛：虾中含有20% 的蛋白质，是蛋白质含量较高的食物。

茭白炒肉丝

用料：茭白,猪肉,姜末,植物油,葱花,高汤,水淀粉,盐。

制作方法：1.茭白削皮，洗净后切成片；高汤、水淀粉调成芡汁；猪肉切丝。

2.炒锅放在火上，倒入植物油烧至五成热，放入葱花、姜末爆香后加入肉丝炒至变色，再加入茭白片翻炒均匀，加盐，烹入芡汁，收汁沥油，炒匀即可。

推荐年龄：2 岁以后

营养师小叮咛：茭白含有一定的膳食纤维，与肉一起炒，味道更好。

红小豆花生乳鸽汤

用料： 乳鸽，红小豆，花生仁，桂圆肉，盐。

制作方法： 1.红小豆、花生仁、桂圆肉洗净，浸泡。

2.乳鸽宰杀后洗净，斩块，在沸水中氽一下，除去血水。

3.在砂锅中放入适量水，烧沸后放入乳鸽肉、红小豆、花生仁、桂圆肉，用大火煮沸后，改用小火煮，等熟透后加盐调味即可。

推荐年龄： 2岁以后

营养师小叮咛： 鸽子肉属于高蛋白食物，乳鸽烧汤，配上红小豆、花生等，营养更佳。

羊肝炒荠菜

用料： 羊肝，荠菜，火腿，姜片，盐，水淀粉，植物油。

制作方法： 1.羊肝洗净，切片；荠菜洗净、切段；火腿切片。

2.锅内加水，待水烧开时，放入羊肝片，快速氽烫后，捞出冲洗干净。

3.另起油锅，放入姜片、荠菜段，用中火炒至断生，加入火腿片、羊肝片，调入盐炒至入味，然后用水淀粉勾芡即可。

推荐年龄： 2岁以后

营养师小叮咛： 肝类营养价值很高，羊肝含有的维生素A很高，注意适量摄入。

口蘑腰片

用料： 猪腰，茭白，口蘑，葱花，姜片，黄酒，盐，淀粉，香油，植物油。

制作方法： 1.猪腰撕去外皮膜，切成片，去掉腰臊，切花刀，洗净。

2.猪腰沥干水分后加黄酒、盐、淀粉拌匀；茭白、口蘑洗净，切片，备用。

3.爆香姜片，放入猪腰翻炒，再放入茭白、口蘑，加入黄酒、盐。

4.放入适量水，待水沸后淋上香油，撒上葱花即可。

推荐年龄： 2岁以后

营养师小叮咛： 腰片味道比较腥，加入黄酒可以降低腥味，搭配茭白、口蘑食用，营养更丰富。

少放盐，有味道即可。

油而不腻，营养丰富。

口感香糯柔滑，容易消化。

芝麻酱拌面

用料：面条，麻酱，黄瓜，花生碎，盐。

制作方法：1.芝麻酱加白开水和盐调稀，一定要向同一个方向搅拌，调成芝麻酱糊；黄瓜洗净切丝。

2.面条放锅里煮，煮好后放在冷水里，或用冷水冲一下。

3.面条控干水分放在碗里加入芝麻酱糊，搅拌均匀，再加些花生碎和黄瓜丝即可。

推荐年龄：2岁以后

营养师小叮咛：芝麻酱味道香醇，富含钙、铁、尼克酸，芝麻酱拌面深受欢迎。

茄子肉丁打卤面

用料：手擀面，茄子，猪瘦肉，老抽，盐，葱段，植物油。

制作方法：1.茄子削皮切成条，漂洗待用；猪瘦肉切成丁，用老抽拌匀。

2.锅内下植物油，放入葱段和肉丁煸炒，变色后烧焖。

3.肉八成熟时倒入茄条翻炒，并加少许水，大火盖盖焖。

4.汤汁收稠，出锅前放适量盐；手擀面煮好后浇在上面即可。

推荐年龄：2岁以后

营养师小叮咛：茄子和肉丁，其清淡鲜美的味道，会唤起宝宝的食欲。

鸡蓉玉米羹

用料：鸡胸肉，鲜玉米粒，鸡蛋，盐。

制作方法：1.将鲜玉米粒洗净；鸡胸肉洗净后放入搅拌机打成蓉；鸡蛋打成蛋液。

2.把玉米粒和鸡肉蓉放入锅内，加入水大火煮开。

3.加盖转中火再煮10分钟后，将打好的蛋液沿着锅边倒入。

4.开大火将蛋液煮熟，放盐调味。

推荐年龄：2岁以后

营养师小叮咛：鲜玉米粒属于全谷类食物，可以做成羹，或炒玉米粒。

粥熬至黏稠最好。

爽脆清淡，咸鲜适口。

猪肉末菜粥

用料：大米，猪肉末，油菜，葱末，姜末，盐，植物油。

制作方法：1.将大米淘洗干净，放入锅内，加入水，用大火烧开后，转小火煮透，熬成粥。

2.将猪肉末放入油锅中炒散，放入葱末、姜末炒匀。将油菜切碎，放入锅中与肉末拌炒均匀。

3.将锅中炒好的肉末和油菜末放入粥内，加盐调味，稍煮一下即可。

推荐年龄：2 岁以后

营养师小叮咛：油菜属于绿叶蔬菜，营养价值较高，含有维生素 C、钙、镁、钾等。

鸭血豆腐

用料：鸭血，豆腐，高汤，醋，盐，水淀粉，香菜段。

制作方法：1.将鸭血和豆腐洗净，切成条状，备用。

2.将高汤放入锅中煮沸。

3.将鸭血条和豆腐条放入高汤中炖熟。

4.最后加上醋、盐调味，用水淀粉勾芡，撒上香菜段即可。

推荐年龄：2 岁以后

营养师小叮咛：豆腐可以为宝宝提供蛋白质和钙等多种营养素；鸭血能为宝宝补铁。

白萝卜蛏子汤

用料：白萝卜，蛏子，葱段，葱花，姜片，蒜末，盐，料酒，醋，植物油。

制作方法：1.将蛏子洗净，放入淡盐水中浸泡 2 小时；蛏子入沸水中略烫一下，捞出剥去外壳。

2.白萝卜去外皮，洗净切成细丝。

3.锅内放油烧热，放入葱段、蒜末、姜片炒香后，倒入开水、料酒。

4.将剥好的蛏子肉和萝卜丝一同放入锅内炖煮，汤煮熟后，放入盐和醋调味，撒上葱花即可。

推荐年龄：2 岁以后

营养师小叮咛：蛏子含有丰富的铁、硒以及一定量的锌。

火一定要小, 不要煳。

紫菜虾皮汤

用料: 紫菜, 虾皮, 鸡蛋, 醋, 香油, 葱花, 盐, 植物油。

制作方法: 1.紫菜洗净撕开; 鸡蛋打散备用。

2.锅内加少许植物油烧热, 加葱花炝锅。

3.加水, 大火煮开后, 加紫菜、虾皮和葱花, 将蛋液淋入, 最后加盐和香油、醋调味。

推荐年龄: 2岁以后

营养师小叮咛: 紫菜富含碘, 虾皮含钙丰富。虾皮用之前需要浸泡。

菠菜胡萝卜鸡蛋饼

用料: 鸡蛋, 牛奶, 胡萝卜, 菠菜, 虾皮, 植物油, 盐, 葱丝。

制作方法: 1.菠菜洗净, 焯水后切碎; 胡萝卜洗净切丝; 鸡蛋打散后加入少量牛奶; 虾皮洗净后控水。

2.锅中放少许植物油, 把葱丝煸香后放入胡萝卜丝, 翻炒均匀后放入菠菜, 加盐调味。

3.改小火, 将打散的牛奶鸡蛋液倒入菜中, 将备用的虾皮撒入, 烙至两面金黄色即可。

推荐年龄: 2岁以后

营养师小叮咛: 多种食材搭配, 色、香、味齐全, 不仅营养丰富, 还能从视觉和味觉上吸引孩子?

豆腐瘦肉丸

用料: 猪瘦肉, 豆腐, 香菜, 鸡蛋, 香葱, 盐, 生抽, 西红柿, 紫菜。

制作方法: 1.猪瘦肉、豆腐剁成泥, 香葱切末。将肉泥加鸡蛋搅拌, 加水进肉馅, 把豆腐泥放入继续搅拌, 把馅做成丸子。

2.炒锅上火, 倒适量热水, 放入切好的西红柿, 放盐调味, 放入丸子、紫菜, 烧沸后用香菜点缀。

推荐年龄: 2岁以后

营养师小叮咛: 豆腐瘦肉丸可以给宝宝提供优质的蛋白质, 丰富的B族维生素和锌等。

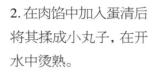

鱼、肉、蛋食谱

什锦面

准备 **15**min　制作 **10**min

用料：面条，肉馅，胡萝卜，香菇，豆腐，鸡蛋，海带，香油，盐，鸡骨头。

制作方法：

1. 鸡骨头和洗净的海带一起熬汤；香菇、胡萝卜洗净，切丝；豆腐洗净切条。

2. 在肉馅中加入蛋清后将其揉成小丸子，在开水中烫熟。

3. 把面条放入熬好的汤中煮熟，放入香菇丝、胡萝卜丝、豆腐条和小丸子煮熟，调入盐、香油即可。

推荐年龄

营养师推荐该辅食在 2 岁以后食用

珍珠三鲜汤

准备 **20**min　制作 **35**min

用料：鸡胸肉，鸡蛋，胡萝卜丁，嫩豌豆，西红柿丁，盐，水淀粉。

制作方法：

1. 鸡胸肉洗净后剁成肉馅；鸡蛋取蛋清。

2. 把蛋清、鸡肉馅、水淀粉放在一起搅拌均匀后备用。

3. 将嫩豌豆、胡萝卜丁、西红柿丁放入锅中煮制，待煮沸后改成小火慢炖至豌豆绵软。

4. 用筷子把鸡肉馅拨进锅内，拨成丸子，拨完后用大火将汤再次煮沸，放盐调味即可。

 营养师小叮咛

比起红肉，鸡胸肉的脂肪含量少，每周可以给宝宝安排 2 次禽肉类。珍珠三鲜汤是一道比较有特色的菜肴。

推荐年龄

营养师推荐该辅食在 2 岁以后食用

冰糖五彩玉米羹

用料：嫩玉米粒，鸡蛋，豌豆，菠萝，冰糖，水淀粉。

制作方法：

1.将嫩玉米粒蒸熟；菠萝洗净后切丁；豌豆洗净备用。

2.锅中加入适量水，放入菠萝丁、豌豆、玉米粒、冰糖，同煮5分钟，用水淀粉勾芡，使汁变浓。

3.将鸡蛋打散，入沸水锅内成蛋花，烧开后即可食用。

营养师小叮咛

甜食对孩子具有一定的吸引力，但为了健康，应限制纯糖的摄入，少吃甜食。

推荐年龄

营养师推荐该辅食在2岁以后食用

冰糖要少放，宝宝少吃甜食好。

鱼、肉、蛋食谱

糯米蒸的湿度要适中。

萝卜丝肉丸子

准备 **30**min　制作 **30**min

用料： 白萝卜，五花肉，虾皮，香菇，料酒，鸡蛋清，盐，姜，酱油，香油。

鱼、肉、蛋食谱

制作方法：

1. 白萝卜礤丝后放少许盐腌 15 分钟；香菇、虾皮洗净切末；五花肉剁成末，切少许姜末。

2. 白萝卜丝挤干水分后切末。

3. 将萝卜末、香菇末、肉末、虾皮末、姜末混合入大碗，加少许料酒、酱油、盐、香油和鸡蛋清搅拌到黏稠状态。

4. 用勺子把肉泥制成丸子放入空盘中，上蒸锅蒸制 20 分钟即可。

推荐年龄
营养师推荐该辅食在 2 岁以后食用

丸子不要蒸太久，以免影响口感。

紫菜包饭

准备 **45**min　制作 **20**min

用料： 糯米，鸡蛋，紫菜，火腿，黄瓜，沙拉酱，米醋。

制作方法：

1. 黄瓜、火腿洗净切条，加米醋腌制；糯米蒸熟，倒入米醋，拌匀晾凉。

2. 将鸡蛋摊成饼，切丝。

3. 将糯米平铺在紫菜上，再摆上黄瓜条、火腿条、鸡蛋丝、沙拉酱，卷起，切成 3 厘米的厚片即可。

营养师小叮咛
紫菜包饭，将多种食材融为一体，营养丰富，让孩子在家里便可以尝试不同的饮食风格。

推荐年龄
营养师推荐该辅食在 2 岁以后食用

西红柿浇汁鳕鱼

准备 **10**min 制作 **40**min

用料：鳕鱼片，紫洋葱，西红柿，白糖，蒜，西红柿酱，淀粉，白胡椒粉，植物油，盐。

制作方法：

1. 鳕鱼片洗净，沥干水，抹淀粉；西红柿洗净切块，紫洋葱、蒜洗净切末。

2. 炒锅热油，小火煎制鳕鱼片至两面呈金黄色，盛盘备用。

3. 另起锅，烧热后将步骤 1 食材和西红柿酱、少许开水煮至汤汁变稠，调入盐和白胡椒粉、白糖，熬成汁，将汁浇在鳕鱼片上即可。

营养师小叮咛

鳕鱼属于海鱼类，含有一定量的多不饱和脂肪酸 EPA 和 DHA。西红柿浇汁鳕鱼营养丰富，做法简单。

推荐年龄

营养师推荐该辅食在 2 岁以后食用

酸甜爽口，营养价值高。

鱼、肉、蛋食谱

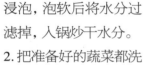

鱼、肉、蛋食谱

小银鱼蔬菜拌饭

准备 **3**h　制作 **20**min

用料：小西红柿，扁豆，白菜心，小银鱼，植物油，盐，酱油，熟米饭。

制作方法：

1. 小银鱼提前 3 个小时浸泡，泡软后将水分过滤掉，入锅炒干水分。
2. 把准备好的蔬菜都洗净，切成小丁。
3. 炒锅内加植物油烧热，加入蔬菜丁翻炒均匀。
4. 将蒸好的米饭放入锅中一起翻炒，放盐和酱油调味后装盘即可。

营养师小叮咛

银鱼高蛋白、低脂肪，没有大鱼刺，适宜小孩子食用。

推荐年龄

营养师推荐该辅食在 2 岁以后食用

过敏体质的宝宝慎重食用。

口感清香甜美，营养丰富。

菜花玉米排骨汤

准备 **10**min　制作 **2**h

用料：排骨，菜花，玉米，胡萝卜，姜，盐。

制作方法：

1. 菜花掰成小朵，用水浸泡 5 分钟，洗净；玉米洗净切成块；胡萝卜、姜分别洗净切片。
2. 排骨、玉米和姜片放入砂锅中，加入适量水，大火煮沸后转小火煲 2 小时，再放入菜花和胡萝卜片煮熟，加盐调味即可。

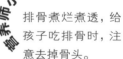营养师小叮咛

排骨煮烂煮透，给孩子吃排骨时，注意去掉骨头。

推荐年龄

营养师推荐该辅食在 2 岁以后食用

照烧鱿鱼

用料： 鱿鱼，胡萝卜块，西蓝花，酱油，生抽，蜂蜜，植物油，盐，料酒。

制作方法：

1. 鱿鱼打上花刀后切成块，冷水下锅，微微打卷后捞起备用。

2. 锅中加入少许盐、几滴植物油和水，下入西蓝花和胡萝卜块，水沸后捞出摆盘。

3. 另起锅，将酱油、料酒、蜂蜜按照 3:1:1 的比例倒入锅中，大火收汁，直至变为浓稠。

4. 放入鱿鱼卷搅拌均匀，小火收汁，装盘。

营养师小叮咛

鱿鱼含有丰富的蛋白质、钙、硒，还含有一定的铁、锌。硒在人体具有抗氧化、调节免疫的作用。

推荐年龄

营养师推荐该辅食在 2 岁以后食用

煮鱿鱼的时间不宜过长。

鱼、肉、蛋食谱

鲮鱼味美，但鱼刺很多，给宝宝吃要注意。

炸鱼时需掌握油的温度。

豆豉鲮鱼油麦菜

用料：油麦菜，豆豉鲮鱼（罐头），葱，姜，蒜，植物油。

制作方法：1.油麦菜洗净控干水分，切段；豆豉鲮鱼挑去大刺；葱和姜洗净切丝、蒜洗净切末。

2.炒锅烧热，放植物油，油七成热时放葱、姜丝和蒜末煸出香味。

3.放豆豉鲮鱼，捣碎，倒入切好的油麦菜。

4.大火快炒至油麦菜出汤即可。

推荐年龄：3岁以后

营养师小叮咛：鱼类属于高蛋白类食物，经常给孩子吃点鱼类，有利于摄入一定量的DHA。

西蓝花鹌鹑蛋羹

用料：西蓝花，鹌鹑蛋，鲜香菇，火腿，西红柿，麻油、盐、水淀粉。

制作方法：1.西蓝花洗净切朵，放入沸水中余熟；鹌鹑蛋煮熟后剥皮；鲜香菇洗净去蒂切丁；火腿切成小丁；西红柿洗净，切块。

2.鲜香菇丁、火腿丁放入锅中，加水大火煮沸，转小火再煮。把鹌鹑蛋、西蓝花、西红柿块放入锅中，再次煮沸，加水淀粉勾芡，最后加盐、麻油调味。

推荐年龄：3岁以后

营养师小叮咛：鹌鹑蛋的营养价值与鸡蛋相当，可常给孩子换换口味。

糖醋鲤鱼

用料：鲤鱼，植物油，盐，白糖，醋，蒜瓣，水淀粉，香菜。

制作方法：1.将鲤鱼去鳞开膛，除去内脏，漂洗干净后切花刀。

2.起油锅，油七成热时把处理好的鱼入锅炸，待鱼两面皆呈金黄色时取出备用。另起锅，留底油加蒜瓣炸香，按4:2的比例用白糖、醋熬制糖醋汁，最后用水淀粉勾芡，加盐。

3.炸好的鱼装盘，立即浇糖醋汁。可用香菜装饰。

推荐年龄：3岁以后

营养师小叮咛：鲤鱼炸前裹上面粉，有利于避免鱼肉直接接触油，吃时可只吃鱼肉。

荷兰豆烧鲫鱼

用料：荷兰豆,鲫鱼,黄酒,酱油,白糖,姜片,葱段,盐,植物油。

制作方法：1.将鲫鱼收拾干净；将荷兰豆洗净择去两端及筋,切成段。

2.在锅中放入适量的植物油,烧热后,爆香姜片和葱段。将鲫鱼放入锅中煎至金黄色。

3.加入黄酒、酱油、白糖、荷兰豆段和水,将鲫鱼烧熟,最后用盐调味即可。

推荐年龄：3 岁以后

 **营养师小叮咛**：鲫鱼刺多,适合烧汤,把肉溶到汤里,吃鲫鱼要注意别卡着。

猪排炖黄豆芽汤

用料：猪排,鲜黄豆芽,葱段,姜片,盐。

制作方法：1.将猪排洗净后,切成 4 厘米长的段,放入沸水中余去血沫。

2.砂锅内放入热水,将猪排、葱段、姜片一同放入锅内,小火炖 1 小时。

3.放入黄豆芽,用大火煮沸,再用小火炖 15 分钟,放入适量盐调味即可。

推荐年龄：3 岁以后

营养师小叮咛：排骨炖汤,肉更容易煮烂,但由于荤汤比较油,不要喝太多荤汤。

芋头排骨汤

用料：排骨,芋头,葱段,姜片,盐。

制作方法：1.芋头去皮洗净,切成块,上锅隔水蒸15分钟。

2.排骨洗净,切成段,放入沸水中余烫去血沫后,捞出备用。

3.先将排骨、姜片、葱段放入锅中,加水,用大火煮沸,转中火焖煮 45 分钟,再加入芋头同煮至熟,加盐调味即可。

推荐年龄：3 岁以后

营养师小叮咛：排骨搭配点芋头炖汤,也是不错的做法。

仔排用油炸的时间不宜
过长，否则肉易变干硬。

腐乳蒸鸡

用料：仔鸡，葱末，姜末，蒜末，红尖椒丝，腐乳，生抽，老抽，白糖，黄酒，香油，胡椒粉。

制作方法：1.腐乳压碎后和生抽、老抽、白糖、黄酒、胡椒粉、香油混合拌匀后备用。

2.仔鸡洗净沥干水分，切成小块。加姜末、蒜末、尖椒丝和腐乳酱汁一起充分拌匀，腌制约30分钟。

3.放入烧开的蒸锅中，隔水用大火蒸备料15~20分钟即可。

推荐年龄：3岁以后

营养师小叮咛：腐乳味道独特，营养价值不错，可以用来调味。比起油炸，蒸的方法更健康。

干煸椒盐排骨

用料：猪小排，葱段，姜片，干辣椒，植物油，椒盐，盐，料酒。

制作方法：1.猪小排洗净切小段，加入料酒、盐和姜片腌制。

2.锅入油烧至六成热，下入排骨段炸至金黄色捞出，沥干油备用。

3.锅留底油，放入葱段、姜片和干辣椒爆香。

4.放入炸好的排骨段翻炒，放入少量盐翻炒均匀，出锅前撒入椒盐即可。

推荐年龄：3岁以后

营养师小叮咛：干煸椒盐排骨适合偶尔食用，可调动孩子的食欲。

木瓜煲牛肉

用料：木瓜，牛肉，盐。

制作方法：1.木瓜剖开，去皮去籽，切成小块备用。

2.牛肉洗净，切成小块，放入沸水中除去血沫后捞出备用。

3.将牛肉块放入锅中，加水用大火烧沸，再用小火炖至牛肉熟烂后，加入木瓜块和盐调味即可。

推荐年龄：3岁以后

营养师小叮咛：木瓜属于可以直接吃的水果，因此，加热时间不宜过长，否则可能会溶化。

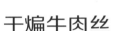

掌握好火候是成功的关键。

干煸牛肉丝

用料：牛肉，青椒、红椒、黄椒，植物油，盐，料酒，生抽，剁椒酱，姜，香油，豆瓣酱，朝天椒。

制作方法：1.将牛肉洗净切丝，彩椒洗净切成细丝；姜切成丝；朝天椒切成段。

2.锅中放油烧至七成热时下牛肉丝反复煸炒至水气干透。放入豆瓣酱、姜丝、料酒、生抽、剁椒酱炒出香味。下入彩椒丝、朝天椒段、盐、香油炒匀即可。

推荐年龄：3岁以后

营养师小叮咛：干煸牛肉丝风味独特，适合作为孩子的下饭菜。

三色鸡丝

用料：鸡胸肉，青椒丝，红椒丝，香葱，姜片，料酒，酱油，香油，醋，白糖，盐。

制作方法：1.鸡胸肉洗净；沸水中放入鸡胸肉、料酒、香葱和姜片，中小火煮，煮好后撕成细条，加入青椒丝、红椒丝备用。

2.另取一小碗，放入酱油、香油、醋、白糖、盐一起搅拌均匀。将上述的汁浇在鸡丝上面，最后用香葱点缀即可。

推荐年龄：3岁以后

营养师小叮咛：鸡胸脯肉饱和脂肪含量不高，适合经常适量食用。

蒸蛤蜊

用料：蛤蜊，干辣椒，蒜片，植物油，黄油，生抽，香葱末。

制作方法：1.蛤蜊吐沙，外壳一个个刷洗干净；炒锅放油加热后放入干辣椒、蒜片，小火爆香。

2.加入蛤蜊，搅拌均匀后加水，盖上锅盖煮开。

3.蛤蜊都张开嘴后加黄油、生抽和香葱末拌匀，略煮即可。

推荐年龄：3岁以后

营养师小叮咛：蛤蜊营养丰富，含有丰富的硒、铁、锌等微量营养素。

排骨蒸豆腐

准备 **10**min　制作 **20**min

用料：排骨，豆腐，黄豆酱，蚝油，盐，淀粉，香葱末。

制作方法：

1. 豆腐洗净切块；排骨洗净切成易于食用的小块。

2. 将排骨用大火沸水汆制，撇去浮沫后盛出备用。

3. 排骨用黄豆酱、蚝油、盐、淀粉调味腌制。

4. 把豆腐摆在盘子上，排骨盖在豆腐的上边，上蒸锅蒸约 20 分钟。

5. 食用前撒上香葱末即可。

营养师小叮咛

猪肉提供优质蛋白质、铁、锌、维生素B12。

推荐年龄
营养师推荐该辅食在 3 岁以后食用

大火快速翻炒，味道更好。

农家小炒肉

准备 **15**min　制作 **20**min

用料：五花肉，青椒、红椒，豆豉，葱花，姜末，蒜末，盐，生抽，植物油，香油，白胡椒粉。

制作方法：

1. 五花肉洗净切薄片，加生抽、植物油、白胡椒粉拌匀腌 15 分钟。

2. 青红椒洗净后去蒂切条块。

3. 炒锅倒植物油加热至七成热时，放入姜末、蒜末，爆香后放入五花肉，反复煸炒至出油，并且肉变金黄色后盛出备用。

4. 原锅留底油，放入葱花炒香，再放入青红椒翻炒一会儿，加豆豉翻炒至入味。

5. 倒入煸炒好的五花肉，加生抽大火快速翻炒 2 分钟，最后用盐调味，再淋少许香油即可。

推荐年龄
营养师推荐该辅食在 3 岁以后食用

鱼、肉、蛋食谱

菠萝咕噜肉

用料： 五花肉，菠萝，青椒、红椒，植物油，鸡蛋，料酒，盐，西红柿酱，醋，水淀粉。

制作方法：

1. 菠萝洗净切小块，浸泡在淡盐水中；青椒、红椒洗净去蒂去籽切成菱形片。

2. 五花肉洗净切大块，放盐、料酒腌制。

3. 鸡蛋放盐打散，与水淀粉拌匀。将五花肉放入，均匀挂糊。

4. 锅内油五成热时下入肉块炸至金黄色捞出。锅中留少许油，放入菠萝块煸炒 30 秒，倒入适量西红柿酱、醋和水搅拌。

5. 放入炸好的肉块，青红椒片和菠萝块翻炒，倒入少许水淀粉勾芡，均匀挂上芡汁即可。

推荐年龄

营养师推荐该辅食在 3 岁以后食用

酸酸甜甜，又嫩又鲜。

鱼、肉、蛋食谱

第五章
烹调油、坚果、豆制品、奶类食品

保证优质油脂的摄入，增加 ω-3 脂肪酸的摄入，可以从富含不饱和脂肪酸的食物中获取大豆油、亚麻籽油等。

坚果是植物的精华部分，营养丰富，蛋白质、油脂、矿物质、维生素含量较高，对人体生长发育、增强体质、预防疾病有极好的功效。

大豆中不仅含有丰富的钙、磷、镁、钾等无机盐，还含有铜、铁、锌、碘、钼等微量元素。大豆中的钙、磷与蛋白质相结合，容易被人体消化吸收，对儿童生长有益。牛奶中的钙吸收率高，是补钙好选择，具有较高的生物效益，特别适合儿童、青少年饮用。

烹调油，又爱又恨

　　烹调油是提供人们所需脂肪的重要来源，包括植物油和动物油。动物油含脂肪 90% 左右，还含有胆固醇。植物油一般含脂肪 99% 以上，不含胆固醇，且是我国居民维生素 E 的首要来源。

适量吃油可促进儿童脑发育

　　油脂是人体不可缺的营养素之一，小宝宝的身体发育，以及大脑和神经的发育都需要脂肪酸的参与。对于开始添加辅食的婴儿来说，可以从辅食中，包括烹调油中获得必需的脂肪酸。

健康为上，适量即可

　　烹调油可提供大量脂肪，而脂肪又是人体能量的重要来源之一，还可提供必需的脂肪酸，有利于脂溶性维生素的消化吸收，但是脂肪摄入过多会引起肥胖、高血脂、动脉粥样硬化等多种慢性疾病。

常用食用油脂中主要脂肪酸的组成（占食物中脂肪总量的百分数）

食用油脂	饱和脂肪酸	不饱和脂肪酸			其他脂肪酸
		油酸（C18：1）	亚油酸（C18：2）	亚麻酸（C18：3）	
橄榄油	13	72	9	1	5
菜籽油	13	20	16	8	43
花生油	19	40	38	Tr	3
油茶籽油	10	76	10	1	3
葵花籽油	14	22	68	Tr	0
豆油	16	22	52	7	3
棉籽油	24	25	44	Tr	7
大麻油	15	39	45	Tr	1
芝麻油	14	39	46	1	0
玉米胚油	15	27	56	1	1
棕榈油	43	44	12	Tr	1
米糠油	15	35	48	Tr	2
猪油	43	44	9	Tr	14
牛油	62	29	2	1	6
羊油	57	33	3	2	5
黄油	56	32	4	1	7

注：Tr 表示未检出　　　　　　　　　　　　　　　　　　资料来源：《中国物成分表 2009》

　　动物来源的油，如猪油、牛油、羊油、黄油，所含的饱和脂肪酸多，含必需脂肪酸低；植物来源的油，如大豆油、玉米油、亚麻籽油、紫苏籽油，所含必需脂肪酸高，其中亚麻籽油、紫苏籽油含的亚麻酸比较多。

最少的油也能做出美味的佳肴

　　合理选择有利于健康的烹调方法，首选的办法是减少烹调油。烹调食物时尽可能使用最少量烹调油的方法，如蒸、煮、炖、焖、拌、急火快炒等。此外，坚持家庭定量用油，控制总量。可将全家每天应该食用的烹调油倒入一量具内，炒菜用油均从该量具内取用。

什么时候"加油"

　　当宝宝6个月以后开始添加辅食，并逐渐适应以后可以适当添加植物油，如亚麻籽油、大豆油、核桃油等。油脂中的脂肪酸对于宝宝来说是必需的营养物质。

　　在正常饮食的基础上，宝宝每天摄入植物油的量如下：起初加油时，每天摄入半茶匙，相当于2~3毫升；8~12个月时，每天摄入1茶匙，相当于5~10毫升；1岁以上逐渐加量；2~3岁时，每天摄入10~20毫升；4~5岁时，每天摄入20~25毫升。

　　7~12个月龄这个阶段的孩子已经开始添加辅食了，妈妈在为宝宝制作辅食时可加一点油。比如在各种粥、糊糊或是小面条中，最后滴入几滴就可以了。

　　2~3岁时适当烹饪，适度放油、少吃油炸食品，给宝宝炒制饭菜时，可比大人用的油少一些。

　　要养成良好的用油习惯，为了宝宝的健康，也为了全家的健康。

合理吃油，宝宝更健康。

TIP

核桃油可以给宝宝吃，只是效果没有那么神奇。想让宝宝更聪明，饮食上注意合理安排，食物多样化，让宝宝摄入充足营养。

核桃油和核桃，你混乱了吗

核桃仁含有丰富的营养素，尤其含脂肪较多，每百克含蛋白质 15~20 克，碳水化合物 10 克；并含有人体必需的钙、磷、铁等多种微量营养素以及胡萝卜素、核黄素等多种维生素。对人体有益，可强健大脑，是深受老百姓喜爱的坚果类食品之一，被人们誉为"万岁子""长寿果"等。

一直以来，"吃核桃补脑"似乎已成为大家的共识。对于渴望拥有一个健康聪明宝宝的妈妈们来说，核桃油也就理所当然地备受青睐。特别是当宝宝添加辅食后，各种各样营养丰富的宝宝食用油渐渐走上宝宝的餐桌。面对琳琅满目的烹调油，妈妈们往往不知如何选择。

核桃油 ≠ 核桃

大家都知道完整的核桃含有较多脂肪、蛋白质、必需脂肪酸、少量淀粉、膳食纤维、多种维生素和矿物质等，但核桃油里主要含有的油脂包括必需脂肪酸以及维生素 E，所以，核桃油的营养价值远不及核桃。

另外，需要提醒妈妈们，每日往饮食中加入少量核桃粉，可以使血液中 LDL(坏胆固醇) 的含量减少 15%，因为核桃含有一定的 ω-3 脂肪酸。当然，也可以每天适量吃一些核桃油，成人每日 10~25 毫升为佳，拌或者炖菜均可。宝宝吃辅食以后，可以在菜泥里加入少量的核桃油。

核桃油能不能补脑

很多妈妈们认为"核桃补脑"是因为核桃中含有"脑黄金"DHA，其实核桃里并不含 DHA，只含一定量的 α-亚麻酸，通过摄入亚麻籽油也可以获得 α-亚麻酸。虽然从生化理论上来说，α-亚麻酸可以转变成 DHA，但事实上，通过补充 α-亚麻酸而转化成 DHA 的过程十分缓慢且效率低下，不足 3%~5%。所以，核桃油虽然值得肯定，但千万不要把提高婴幼儿智力的希望放在吃核桃油上。

想让宝宝更聪明，要坚持给他安排健康合理的饮食。

坚果虽好，可不要贪吃哦

我们在日常生活中会经常食用一些坚果，如核桃、杏仁、松子、花生、榛子、栗子、腰果、葵花籽、西瓜子和南瓜子等。坚果是一类营养丰富的食物，除富含蛋白质和脂肪外，还含有大量的维生素 E、叶酸、镁、钾、锌和多不饱和脂肪酸及较多的膳食纤维，对健康有益。权威调查还显示，每周吃少量的坚果可有助于健康。坚果虽为营养佳品，然而因其所含能量较高，也不可过量食用，以免导致肥胖。

坚果可提高宝宝的视力和咀嚼能力

美味的坚果不但广受家长们欢迎，也普遍受到了小朋友的欢迎，也因为其丰富的营养和出名的补脑效果，许多妈妈都将坚果作为零食给小朋友解馋。就像我们常说的，让孩子吃下去的是坚果，长出来的是机灵。多吃坚果，对孩子的大脑成长非常有利。坚果中含有 20% 的优质蛋白，同时还富含维生素 B_1、维生素 B_2、维生素 E 及钙、磷、铁、锌等成分。不过坚果也不是吃越多越好，吃太多会摄入较多的能量，尤其是 1~3 岁的小朋友。

坚果好处多多，除了有助于宝宝的智力发育，咀嚼坚果的过程也能让宝宝受益。适当的咀嚼还有利于视力的提高。所以，给 1~3 岁的宝宝吃一些碾碎的坚果，既可以帮助他们提高咀嚼技能，还能在咀嚼的同时提高视力。

每天可以给 3 岁以上的孩子安排 10~15 克坚果仁或粉。目前有市售小包装的各类坚果和水果干，也是不错的选择，有利于控制量，吃起来也方便。

如何让孩子每天吃到坚果呢？可以结合西餐早餐的习惯，用坚果或坚果粉加到早餐牛奶燕麦粥里；可以把几种坚果混合打成粉，用来拌菜；可以在加餐时给孩子吃点核桃、瓜子仁等；可以给孩子用芝麻酱或花生酱来拌菜或拌面等；可以买块带有坚果的全麦面包等。吃坚果的方式非常多，不同坚果含有的营养价值不同，其中核桃、南瓜子等含有丰富的 α - 亚麻酸。因此，保持经常适量摄入坚果，注意变换花样，有利于孩子的健康。

TIP

给 3 岁内宝宝食用坚果必须打碎或者打成粉。3 岁以下幼儿吞咽控制能力尚未发育成熟，避免发生呛咳窒息的危险。

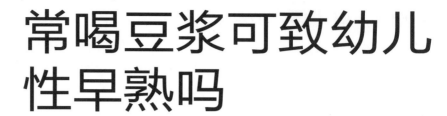

TIP

植物雌激素≠激素：大豆及其制品中含的是植物雌激素，其与雌激素相似，但和动物体内的雌激素还是有区别的。

常喝豆浆可致幼儿性早熟吗

案例 1：宝宝 6 岁，男孩。孩子爸爸很爱喝豆浆，就一直在家自己打豆浆，黄豆、黑豆、花生米等五谷豆浆和单一黄豆、绿豆和红豆的都曾打过，突然有一天有朋友说如果经常给孩子喝豆浆会致性早熟，这位爸爸仔细一观察，孩子真的睾丸变大了。豆浆真的可以使孩子性早熟吗？

案例 2：宝宝马上就 5 岁了，女孩。6 个月加辅食，1.5 岁断的母乳，到现在还在喝奶粉，但宝宝更爱喝豆浆，一直有困扰，在微信、陌陌等社交软件看到过豆浆可致性早熟的文章，身边的朋友也有人多次提起，很担心，这是真的吗？

案例 3：宝宝快 6 岁了，女孩。6 月龄时加的辅食，1 岁断的母乳。小时候喝牛奶有过敏现象，所以给孩子喝豆浆的机率更大一些，但听到有家长反映说经常喝豆浆会致孩子性早熟，很担心。这是真的吗？这个量怎么控制？

儿科营养师跟妈妈说

豆制品不会致宝宝性早熟

吃豆制品会引发性早熟的说法并不准确，而且适量食用豆制品对孩子的发育有利。

大豆中含有大豆异黄酮，这是一种植物雌激素，豆制品正是因为含有这种成分而被怀疑可能会导致性早熟。

大豆异黄酮只是起到类似于雌激素的作用，与真正的雌激素是有差别的，因此单纯吃豆制品造成性早熟不太可能。

事实上，豆制品富含的优质蛋白对孩子的生长发育是有益的。豆制品含有丰富的铁、钙、磷、镁等多种人体必需的微量营养素，除增加营养、帮助消化、增进食欲外，还对儿童牙齿、骨骼生长发育有益。

刘医生为你解答关于豆制品的疑惑。

大豆及其制品营养丰富

大豆的蛋白质含量为 35%~40%，与畜禽肉、鸡蛋等食物相比，蛋白质含量相对较高，具有较高的营养价值，属于优质蛋白。其赖氨酸含量较高，但蛋氨酸含量较少，与谷类食物混合食用，可较好的发挥蛋白质的互补作用。大豆中还含有丰富的钙、铁、维生素 B_1、维生素 B_2 和维生素 E。此外，大豆中的植物化合物除了大豆异黄酮外还含有其他特殊的成分，如大豆皂苷、大豆甾醇和大豆卵磷脂等，这些都具有广泛的生物学作用和特殊的生理作用。

在此建议家长，婴幼儿时期还应适量摄入豆腐等较易吸收的豆制品，少吃整豆制作的零食。豆制品最好能和其他蛋白一起吃，如肉类、粮食等，才能全面补充蛋白质。

食用豆制品不会让男孩女性化

许多家长一听说豆制品中含有雌激素，害怕孩子发生性早熟和影响生殖发育，不敢给孩子吃豆制品，特别是小男孩，认为会让男孩女性化。这种说法没有科学根据，不合理。

2010 年 12 月 7 日卫生部发布的《性早熟诊疗指南（试行）》中明确给出了性早熟的概念，是指女童在 8 岁前，男童在 9 岁前呈现第二性征发育的异常性疾病。性早熟是儿童常见的内分泌性疾病，一般分为中枢性性早熟和外周性性早熟，相当于以往的真性性早熟和假性性早熟。在中枢性性早熟中，有一种"不完全性中枢性性早熟"，是指患儿有第二性征的早现，最常见的类型为单纯性乳房早发育，《性早熟诊疗指南（试行）》称，若发生于 2 岁内女孩，可能是由于下丘脑——性腺轴处于生理性活跃状态，又称为"小青春期"。

食用豆制品要适量

第一，豆制品是婴幼儿理想的辅食之一，6 月龄以后可以尝试添加煮熟的豆腐，1~2 岁的宝宝平均每天进食 25~50 克的豆腐，既可以获得优质蛋白质，还可以获得较多的钙；第二，食用豆制品并不是越多越好。任何事物，包括食物，都有一个度，适量有益健康，过量则有害健康。可用动物蛋白代替部分大豆蛋白，保证幼儿生长发育的营养需求。

TIP

宝宝可以常吃些易吸收的豆制品，少吃些整豆制作的零食。

TIP

即使是在冬天，喝酸奶的时候也不能加热，否则会大大地破坏酸奶中存在的营养成分。

酸奶鲜奶大 PK，哪种对宝宝更好

酸奶和牛奶各有各的好处，可是对于宝宝来说，酸奶和牛奶到底哪个更适合呢？首先，在 1 岁以内，酸奶不适合让宝宝饮用，6 个月以后的宝宝可以把酸奶作为辅食少量尝试。

酸奶易吸收，适量摄入

酸奶不仅具备了牛奶的原有优点，而且酸奶在制造过程中将牛奶中的乳糖分解，使人体更容易吸收。乳糖不耐受的人群也可以享受。酸奶还能促进消化，抑制肠道内腐败菌的繁殖。

有的宝宝不喝奶粉或者其他奶，却喜欢喝酸奶，可见酸奶的魅力。

一定要分清酸奶和乳酸饮料的区别。市面上有很多种酸奶，其中也有不少乳酸奶混迹其中。这些乳酸饮料是由糖、乳酸或柠檬酸、苹果酸、香料和防腐剂等加工配制而成的，有的也有乳酸菌，但这些乳酸饮料远不如酸奶健康，家长购买前要仔细辨别。

真正的酸奶要根据它的蛋白质含量来区分，酸奶按其原料可分为原味酸奶、调味酸奶以及果味酸奶，蛋白质含量通常 ≥ 2.3%。

喝酸奶，要注意

1 岁以上每天可以喝 100 毫升左右酸奶甚至更多，可以把酸奶作为两餐之间的零食。

酸奶中的菌种不是越多越好，以乳酸菌为代表的益生菌则越多越好。喝酸奶时要注意，乳酸菌适宜 pH 酸碱度为 5.4 以上的环境中存活和生长，不妨在饭后或两餐之间喝酸奶。

乳饮料的这些误区，你有吗

乳饮料就是牛奶

含乳饮料的包装上一般都会标有"饮料""饮品""含乳饮料"等字样。配料中一般只含 1/3 鲜牛奶，辅以水、甜味剂和果味剂等添加剂，其蛋白质含量一般在 1% 左右。其与巴氏杀菌乳、灭菌乳和酸牛奶等真正意义上的"牛奶"是不同类型的饮品，营养成分相差甚远，不可混淆。然而，受电视广告等影响，孩子对某些饮料非常感兴趣。因此，为了孩子的健康，需要整个社会的参与，以免误导了孩子。

儿童成长牛奶肯定适合儿童

很多家长对这类儿童成长牛奶比较困惑，不知道是否真的适合儿童。其实，国家标准中并没有关于"儿童牛奶"的定义，也没有统一的生产检测标准规范，仅是企业自定义的一种概念。这类奶蛋白质含量甚至比普通奶还高，还可能会宣传强化维生素 D 或 DHA 来吸引家长的眼球，当然此类牛奶价格不菲。但是这类奶饮最大的问题是可能加了糖。长期喝含糖奶类，容易导致龋齿和肥胖的发生，不利于宝宝的健康成长。

牛奶当水喝

牛奶是我们饮食中经常见到的饮品，牛奶天天喝对我们的身体还是非常有好处的，可是不能当水喝。牛奶中含有丰富的脂肪、蛋白质、糖、钙、磷等多种成分，它们的摄入都有限量。如果宝宝每天大量地喝奶，脂肪等营养素可能就会摄入得太多。有的家长为孩子不喝奶而发愁，可有的妈妈却为孩子拿牛奶当水喝发愁。

有些孩子酷爱奶类，每天 1000 毫升的纯奶，一天甚至半天就能被孩子喝完。当问及宝宝是否肥胖时，家长表示，孩子已经超重或肥胖了。

通过计算我们可知，1000 毫升纯牛奶的能量超过 2400 千焦，大约是一天总能量的一半，加上其他饮食，非常容易造成能量过剩。这种情况下，家长一方面需要限制总奶量的摄入，另一方面，鉴于孩子已经超重或肥胖了，就需要选择低脂奶或脱脂奶了。

TIP

现在市场上的广告五花八门，常常让妈妈们不知如何选择，一定要擦亮眼睛，并且耐心对待，不可马虎。

第六章
暴食 & 挑食 & 厌食

有的宝宝挑食，有的宝宝厌食，还有的宝宝暴食。无论哪一种，相信都会让一大批的爸爸妈妈们头疼。挑食、厌食会导致宝宝营养不良，而暴食又会让宝宝陷入肥胖的危险。到底怎样做才能保证宝宝的饮食搭配恰到好处呢？本章，我们将为你解决这些问题。

贪吃麻烦大，应注意尽早干预

应对贪吃，先控制吃饭速度

为了避免孩子进食较多，家长要及时地采取干预措施。首先，控制孩子的吃饭速度，每餐吃饭时间在 20~30 分钟，让孩子细嚼慢咽。其次，对于饭量大的孩子，注意降低孩子的饮食能量密度，适量增加点汤类和蔬菜摄入。另外，主食吃点薯类和全谷类。再者，不能让孩子老饿着肚子，孩子饿了，可以让他少吃些苹果、香蕉或者粗粮饼干等。即使孩子已经超重或肥胖了，也应注意关爱孩子，同时制订能够执行的个体化饮食和运动方案，但切不可有侮辱性的词汇出现。

家长是孩子最好的老师

宝宝的暴饮暴食往往和家长对其饮食方式上的溺爱、娇纵有关，家长要忍心对贪吃的宝宝说"不"，对引发宝宝不良饮食习惯的食物要科学合理地安排，同时通过多种方式，让宝宝知道暴饮暴食对身体有害。有的家长常常三餐不规律，有一顿无一顿或饥一顿饱一顿，和宝宝一起进餐时，有时会"馋相毕露"没做好榜样，因此，要纠正宝宝的坏习惯，应从家长做起。

少食多餐，合理分配

家长在宝宝 6 个月时就应注意培养孩子从小饮食均衡的好习惯，定时定量，每日三餐保证宝宝食物的摄入量。每顿饭尽量合理安排一些宝宝爱吃的食物，切忌把"美食"放在一餐里让宝宝享用。另外，若遇到宝宝过分饥饿时，家长应安排为宝宝临时加餐，避免下一餐因过强的饥饿感，导致暴饮暴食。

戒掉暴食，全家齐努力

首先，让孩子知道，除了吃东西还有更有意思的事情可以做。

其次，保持家长对事物的一贯看法：食物是用来提供营养的，而不是用来奖励正确行为，或安慰受伤的心灵的。不要把食物作为一种礼物或奖励提供给孩子，这样会让孩子认为，除了填饱肚子，吃东西还有其他功能，而且孩子会将提供食物与给予肯定、爱意等同起来。

最后，懂食物营养，会判断食物的能量。家长应学会判断高能量食物和低能量食物。

常见食物标准能量

食物类别		克/份	能量（千焦）	备注
	谷类	50~60	670~753（160~180千卡）	面粉50g ≈ 馒头70~80克 大米50克 ≈ 100~120克米饭
	薯类	80~100	335~377（80~90千卡）	红薯80克 ≈ 马铃薯100克（能量相当于0.5份谷类）
	蔬菜类	100	63~147（15~35千卡）	高淀粉类蔬菜，如甜菜、鲜豆类，应注意能量的不同，每份的用量应减少
	水果类	100	167~230（40~55千卡）	100克梨和苹果，相当于高糖水果如枣25克，柿子65克
畜禽肉类	瘦肉（脂肪含量<10%）	40~50	167~230（40~55千卡）	瘦肉的脂肪含量<10% 肥瘦肉的脂肪含量10%~35%
	肥肉瘦肉（脂肪含量10%~35%）	20~25	272~335（65~80千卡）	肥肉、五花肉脂肪含量一般超过50%，应减少食用
水产品类	鱼类	40~50	230~251（50~60千卡）	鱼类蛋白质含量15%~20%，脂肪1%~8%
	虾贝类		147~251（35~50千卡）	虾贝类蛋白质含量5%~15%，脂肪0.2%~2%
	蛋类（含蛋白质7克）	40~50	272~335（65~80千卡）	一般鸡蛋50克，鹌鹑蛋10克，鸭蛋80克左右
	大豆类（含蛋白质7克）	20~25	272~335（65~80千卡）	黄豆20克 ≈ 北豆腐60克 ≈ 南豆腐110克 ≈ 内酯豆腐120克 ≈ 豆干45克 ≈ 豆浆360~380毫升
	坚果类（含油脂5克）	10	167~230（40~55千卡）	淀粉类坚果相对能量低，如葵花籽仁10克 ≈ 板栗25克 ≈ 莲子20克
乳制品	全脂（含蛋白质2.5%~3.0%）	200~250毫升	460（110千卡）	200毫升液态奶 ≈ 20~25克奶酪 ≈ 20~30克奶粉
	脱脂（含蛋白质2.5%~3.0%）	200~250毫升	230（55千卡）	全脂液态奶 脂肪含量约3% 脱脂液态奶 脂肪含量约<0.5%

注：谷类按能量一致原则或40克碳水化合物进行代换。薯类按20克碳水化合物等量原则进行代换，能量相当于0.5份谷类。蛋类和大豆按7克蛋白质，乳类按5~6克蛋白质等量原则进行代换。脂肪不同时，能量有所不同。畜禽肉类、鱼虾类以能量为基础进行代换，参考脂肪含量区别。坚果类按5克脂肪等量原则进行代换，每份蛋白质大约2克。

资料来源：中国营养学会编著，《中国居民膳食指南2016》

TIP

零食不要放在孩子可以任意触碰到的位置。不要为了防止宝贝饥饿，就到处放些零食，这样可能会引起宝宝肥胖。

宝宝很能吃，值得开心吗

在咱们的传统观念中，大家都喜欢"大胖小子"，而且通常会把食物作为表达关爱的方式，认为给孩子吃得越多越好，造成了过度喂养。

现如今，小胖墩越来越多，除了孩子不爱运动等客观原因，也许家长的喂养方法也是导致孩子肥胖的根本原因。

宝宝多吃，你才满意？

很多刚当父母的人认为吃得多才健康。许多妈妈担心宝宝吃不饱，所以喂食的奶量一次比一次多，或是怕宝宝营养不足，不断地鼓励宝宝多吃一点，如此一来，很容易把宝宝的胃口撑大，当然和小胖子的距离也就越来越近。

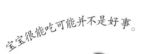

宝宝很能吃可能并不是好事。

零食是可以随便吃的吗？

有些父母经常会把零食当成奖品，而这些奖励宝宝的零食多是糖果、饼干、布丁、蛋糕、巧克力、果汁等，这些精制食品都添加了糖，热量高，实在不宜多吃。胖宝宝应重点限制糖果、奶油蛋糕、肥肉、巧克力、甜饮料、冷饮等食物。

油腻和清淡，哪个更好？

有些妈妈为了让宝宝吃饭更香，会为宝宝提供一些油腻的饭菜。实际上，食用油过量也是造成宝宝肥胖的原因之一。建议妈妈，烹煮食物时应尽量清淡；烹调时，宜减少烧烤、腌、熏、油炸等方式，最好采用清蒸、煮、炖、炒的方式。

宝宝肚子饿就吃零食。有些宝宝胃口好，于是父母会无限量给宝宝供应食物，导致宝宝过度肥胖。这类宝宝尤其要注意控制饮食，尤其是要少提供高热量的食物，为了不使宝宝饥饿，可选择热量低的食物，如芹菜、黄瓜、冬瓜、西红柿等各种新鲜的蔬菜或苹果、梨等水果。

宝宝胖胖的，你正确对待了吗

有很大一部分家长认为，肥胖不是问题，反而是"富态"的表现，殊不知，妈妈的误区会对宝宝的成长造成不良的影响，对宝宝的成长危害极大。

小时候的胖不是胖？

有这种认识的妈妈不在少数。这往往使婴幼儿期的肥胖或轻度肥胖得不到有效控制，一旦发展成青春期肥胖或重度肥胖，想减肥就很困难了。在此提醒家长，至少每半年衡量孩子是否过重或肥胖，若是则不要坐视不管，及时带他寻求专业儿科医生的帮助。

目标不是一天达到的

家长认为肥胖不是问题的时候不作任何要求，一旦意识到肥胖了，会突然要求孩子改变一系列的饮食习惯，企图让孩子的不健康饮食习惯立刻转变，这种想法并不合理，也不现实，反而会让孩子感到害怕，情绪受到很大影响，心生反抗，甚至以狂吃、不停地吃表达情绪。出现这种情况时，应制订容易实行的计划，最多一周完成一项目标。切不可好高骛远，制定的目标不能让孩子感觉到压力，甚至是根本不可能达到的目标任务。

哪些行为举动会造成宝宝可能变成小胖子呢？

（1）相对母乳喂养，奶粉喂养的宝宝更容易肥胖，这是因为奶粉喂养容易造成喂养过度，奶瓶让孩子吃起来太容易，不知不觉就过量了。

（2）家长认为孩子胖了更健康的错误认识，导致过度喂养，也是宝宝超重或肥胖的重要因素之一。

（3）没有鼓励宝宝细嚼慢咽。狼吞虎咽通常会让宝宝吃得过多，而细嚼慢咽则有助于宝宝更好地品味食物，并使宝宝能够产生饱腹感，可避免摄食过量。因此妈妈要尽量做些耐嚼的食物，如煮玉米、全麦馒头、玉米饼等，少吃精致的面包、糕点。

TIP

儿童肥胖影响着儿童健康。很多家长却并不注意，可能是因为其他问题带孩子去医院看医生时，才检查出有脂肪肝、高血压或2型糖尿病。

改善挑食

孩子挑食、偏食、不爱吃饭等问题让不少家长很头疼。其实，孩子的这些问题大多是家长导致的。孩子一岁半之内，家长就应当注意避免孩子偏食。

在孩子"学吃"方面，婴儿对味道的选择，早在妈妈孕期就开始有所倾向了，因为妈妈进食和吸收的许多味道会被输送到羊水中。婴儿出生以后的纯母乳喂养期间，也是影响孩子未来对食物选择的一个阶段。妈妈饮食的种类会影响到母乳的味道，这也是婴儿今后能顺利接受自己家庭食物味道的基础。饮食要尽量丰富多样。母亲在怀孕与哺乳期喜欢吃的食物会成为婴儿最早接触的食物。

在度过最初的适应期后，家长就应该让孩子接触各种味道。婴儿可以区分不同种类的水果和蔬菜的味道，品尝食物能增强婴儿进食各种各样食物的意愿。辅食在婴儿 6 个月以后添加。在两餐之间，妈妈可以让婴儿吃多种营养丰富的水果和蔬菜，并把握时机在婴儿熟悉的食物中添加新口味，帮助婴儿适应新食物，这样做不仅能促进味觉发育，还有助于今后的进食。

食物的营养素含量相差较大，家长要把握好添加新食物种类的度，应该关注孩子所处的阶段。1 岁内婴儿进食可以原味食物为主，1 岁后，就可以逐渐添加含盐食物了。不要让孩子过早尝试添加了调味品的食物，接触味道较重的食物，这样容易导致婴儿"厌食"原味食物。

"将挑食阻止在萌芽期"

吃是大事，让宝宝参与进来

从开始添加辅食起，家人就应该有意识地安排宝宝坐餐椅吃饭，不过分劝说，更不应每人都喂宝宝，餐桌上各种的劝解不利于宝宝愉快地吃饭。在宝宝 1 岁后三餐可和家人同步，加餐时可适当地准备一些水果、面点及奶制品等。

宝宝挑食，要保持平常心

经常会有家长来咨询宝宝饮食偏好的问题，妈妈们之间也会互相沟通，但请妈妈们一定注意，在宝宝挑食时，请保持平常心。

在宝宝 6 个月以上时，便有了自己的偏好，很多时候宝宝会自主选择吃什么，吃多少，意味着自己是独立的个体，他们甚至会通过挑食来向大人证明自己的独立性。

请允许宝宝对食物有一定的偏好，并尊重他自主选择的权利。如果宝宝仅仅只是不喜欢少数几种食物，如不喜欢芹菜、黄瓜，但能接受西红柿、白菜和南瓜，这也算正常，不会造成营养不良。

宝宝挑食并不是个例，许多宝宝都会挑食，关键看怎么个挑法。

多给宝宝动手的机会

宝宝多大才能自己吃饭很大程度上取决于父母什么时候给宝宝学习吃饭的机会。多数宝宝在 9~12 个月的时候就会表现出自己动手吃饭的愿望，比如喂食时会从父母手里抢勺子、抢夺碗等。这时宝宝双手活动协调能力有限，即使他很努力，仍旧会把食物撒得到处都是。不过不要紧，经过半年至 1 年的锻炼，宝宝就可以吃得很好了。请放手给宝宝自己动手吃饭的机会吧。

家长不要因为难以容忍饭菜撒出来就给宝宝喂饭，剥夺宝宝锻炼学习的机会。可给宝宝准备不易摔破、易拿且不会刺伤宝宝的碗、勺，并做好充分的准备，比如在宝宝的餐椅下面铺上一张大报纸，给宝宝穿戴围嘴等，这样收拾餐桌就会相对容易很多。

多次尝试，总会成功

现在的人工作压力大，生活节奏快，有一部分妈妈表现得很急躁。

在宝宝拒绝西红柿一次、两次后便武断地下结论——宝宝不吃西红柿。这样轻易地下结论是不可取的。哪怕宝宝已经第 10 次拒绝吃西红柿了，也请家长不要急躁，因为很多宝宝可能要在父母提供第 11 次甚至第 21 次时才愿意去尝试一种新食物。

当引入一种孩子之前不愿意尝试的食物时，请记住只需要为孩子准备几小块就够了，别忘了还要同时提供宝宝爱吃的其他食物。吃饭时，不要对宝宝挑剔的行为小题大做，更不要动辄就谈论它，越是强化它，越是企图纠正它，宝宝反而越有可能继续做下去。家人只需适当引导。

不追着喂或拿玩具哄骗

这一幕经常发生在我们的身边。有很多的家庭都出现过这样的场景。宝宝吃饭，一家人就像打仗一样，忙得不可开交。一个家长哄，另一个家长追着宝宝到处跑。如果长期这样，宝宝的注意力很容易被分散，吃饭时玩玩具、看电视等行为都会降低宝宝对食物的注意力。

建议家有年龄较小宝宝的家长，在吃饭前关掉电视，收好玩具，一家人一起坐在餐桌前，创造良好的进餐环境，对宝宝良好饮食习惯的养成非常关键。

厌食早知道

小儿厌食症是指长期的食欲减退或消失、以食量减少为主要症状，是一种慢性消化功能紊乱综合征，是儿科常见病、多发病，多见于1~6岁幼儿。严重者可导致营养不良、贫血、佝偻病及免疫力低下，出现反复呼吸道感染，对儿童生长发育、营养状态和智力发展也有不同程度的影响。

厌食症的病因多种多样，包括：急、慢性感染性疾病引起的厌食，其中有消化道溃疡、急慢性肠炎、发热、肺炎等；长期便秘导致食欲下降；功能性消化不良如胃肠动力不足；一些药物如红霉素、磺胺类、氯霉素等可能会引起恶心、呕吐，导致孩子出现厌食。抗生素会引起肠道菌群紊乱，微生态失衡；维生素A、维生素D中毒也会导致厌食；气候也会影响到食欲，如夏季气温高会影响肠胃功能，降低消化液分泌、消化酶活性降低、胃酸减少等；锌、铁、维生素A等营养素缺乏；喂养不当，孩子饮食不规律，影响胃排空；精神刺激导致的神经性厌食等。

在临床中，经常有家长面对孩子的厌食问题束手无措，其实当孩子偶尔食欲不佳时家长不必过于慌乱，在食谱上换换花样，调整下饮食结构和饮食习惯，如果还没有改善，就要及时到医院就诊，尤其是同时伴有其他症状，如胃部不舒服、精神不佳等。

医生会结合症状表现、临床检查等给予合理的建议，达到改善孩子食欲的效果。

> "厌食并不可怕，家长不要紧张。"

心理问题引起厌食

心理因素是不可忽视的主要原因。家庭成员特别是儿童父母亲的进食观念和减肥行为会直接影响着儿童的进食行为，尤其会影响女童。家庭气氛不和、儿童进食时受到责骂、情绪改变等都是在儿童教养过程中家长应该注意的因素。

缺锌会厌食

因为缺锌能导致味觉减退，食欲降低，形成厌食、偏食，饮食中锌摄取不足，加重缺锌，并形成恶性循环。缺锌还会引起多种疾病的发生，如最常见的免疫功能减退，反复上呼吸道感染；复发性口腔溃疡；长期或反复腹泻等。

由于动物性食品特别是海鲜类产品含锌丰富，肝类和蛋类含量也较丰富，因此可多选用这类食品以提高锌的摄入量，有利于预防由于锌缺乏导致的厌食。但需要明确的是，缺锌只是导致孩子厌食的一个原因，孩子厌食的原因还有很多。

他缺锌，你知道吗？

缺锌：味觉障碍，偏食，厌食，或暴食；生长发育不良，矮小，瘦弱，腹泻；皮肤干燥，皮疹，伤口愈合不良，反复性口腔溃疡，免疫力减退，反复感染；认知能力差，精神萎靡，精神发育迟缓……诸如此类都是与锌元素缺乏有关，因此孩子有以上症状和表现时，做家长的就应该考虑是不是缺锌。缺锌会影响儿童各器官的发育，包括大脑的发育，骨骼和肌肉的生长。要尽早带孩子到医院做相关检查，在医生的指导下给孩子补充锌元素和其他微量营养素。值得注意的是，锌的摄入绝非越多越好，摄入锌过量，特别是长期食用多种强化锌的食品，可能会引起急性锌中毒，出现呕吐、腹泻等胃肠道症状，而慢性锌中毒可导致贫血及铁缺乏。

不同年龄儿童锌的推荐量

	锌（毫克／天）		
	推荐摄入量（RNI）		可耐受最高摄入量（UL）
年龄	男（AI）	女（AI）	—
0 岁～	2.0	2.0	—
1 岁～	3.5	3.5	8
4 岁～	4.0	4.0	12
7 岁～	7.0	7.0	19
11 岁～	10.0	9.0	28
14 岁～	11.5	8.0	35

注：AI，适宜摄入量，是通过观察或实验获得的健康人群某种营养素的摄入量；RNI：推荐摄入量，是可以满足某一特定性别、年龄及生理状况群体中绝大多数（97%~98%）个体需要量的摄入水平；UL：可耐受最高摄入量，平均每日可以摄入该营养素的最高量，对几乎所有个体不会损害健康，当超过这个剂量，随着剂量增加，损害健康的危险性会增加。

资料来源：中国营养学会编著，《中国居民膳食营养素参考摄入量速查手册》（2013 版）

TIP

有些孩子身体发育正常，只是吃的饭量比家长所预期的少，就误认为孩子厌食或偏食，甚至强迫孩子多吃，这反倒会造成孩子厌食。

如果怀疑宝宝厌食，不要过于紧张，当然也不能不当回事儿。

厌食，预防胜于治疗

古人就曾强调"不治已病治未病"，因此，对于非明显疾病导致的小儿厌食症的预防尤为重要。日常生活中，第一，要多做一些易于消化，营养全面的饭菜，在饮食结构上，做到荤素搭配、米面搭配、颜色搭配；第二，食谱应经常变化，不断地变换口味，可使孩子有新鲜感，食欲也会增加；第三，不要长期食用油腻的食品；第四，要科学控制孩子食用甜食、饮料、零食的次数和数量；最重要的是培养宝宝养成定时、定量、不偏食的饮食习惯，不要让孩子边吃边玩。

此外，孩子只有在饥饿时才有好食欲，因此家长不必强迫小孩进食，更不应动不动就打骂孩子，以免引起逆反心理，加剧孩子的厌食情绪。

孩子厌食，可能是一种"抗议父母"的心理所造成；少女厌食，则可能是一种"自我强迫"的心理病。当父母发现孩子有点肥胖时，也千万不要反应过激，以免加深孩子心理上不必要的压力。

规律生活，科学饮食

培养孩子良好的饮食习惯和作息习惯。按时起床、吃饭、学习、休息。生活无规律会对孩子的中枢神经系统产生不良影响，导致孩子的消化系统调节作用紊乱，进而影响孩子的正常食欲。因此，家长应培养孩子养成按时起床、吃饭、上学、休息、睡眠的习惯。

科学安排饮食。家长对一日三餐要多动脑筋，使饭菜美味、可口，色泽、味道能激起孩子的食欲，品种丰富又富于营养，要保证膳食中包括五谷杂粮、鱼肉蛋禽奶、蔬菜水果、海产品、菌类等方面，使营养均衡全面，花样繁多。

鼓励孩子吃各种食物。不要让孩子感觉到某种菜没什么营养、味道，什么菜太便宜，丢份儿，而使孩子食物面窄。家长不要把自己的饮食习惯带给孩子，更不能偏食。可以给孩子讲全面吸收营养的道理和厌食、偏食的危害。

去医院检查，谨慎对待

孩子厌食可能是因为身体疾病造成的，持续厌食不见好转的话，我们一定要带孩子去医院检查。

第一，积极治疗原发疾病。对躯体疾病或胃肠道疾病及时进行治疗，去除病因。

第二，纠正微量营养素失衡。儿童较长时间食欲减退，可到医院就诊。如怀疑缺锌，可尝试补锌疗法，看看是否好转。另外还可进食含锌较多的食物如动物肝脏、海产品、核桃等。

培养良好的家庭生活习惯

第一，调整家庭情绪。缓和家庭不和谐气氛，改善家庭成员之间的关系，营造一种良好的"餐桌氛围"。

第二，养成好的饮食习惯。家长要教育孩子从小养成好的饮食习惯，少吃甚至不吃零食，少吃冷饮，规律进食，避免对食物品种的特殊偏好等。

第三，重视食品的色、香、味。食物良好的色、香、味特性可通过视觉、嗅觉和味觉全方位地刺激大脑进食中枢，增加食欲和食量，改善厌食状态。

TIP

宝宝厌食了，要注意让宝宝定时进餐，克服吃零食的习惯，让宝宝多做户外活动，多喝开水，以促进新陈代谢。

部分食物含锌（毫克/100 克）

食物名称	锌（毫克/100 克）	食物名称	锌（毫克/100 克）
牛奶	0.42	青鱼肉	0.96
某配方奶	0.57	鲈鱼	2.83
猪瘦肉	2.99	杏仁（烤干）	3.54
瘦牛肉	3.71	松子（炒）	5.49
瘦羊肉	6.06	黑芝麻	6.13
鸡蛋	1.1	牡蛎	9.39
鸡肉	1.09	鲜扇贝	11.69
鸡蛋黄	3.79	海蛎肉	47.05

资料来源:《中国食物成分表 2009》

即使厌食，也会爱上

可以用泡菜盐，口感更好。

汁浓味鲜，瓜嫩爽滑。

海鲜可根据自己的口味来做。

白萝卜泡菜

用料：白萝卜，小黄瓜，生姜，白糖，盐，醋。

制作方法：1.白萝卜去皮切丝；生姜切丝或切片；小黄瓜洗净切丝。

2.用白糖、盐、醋酌量拌匀。

推荐年龄：2 岁以后

营养师小叮咛：清爽可口的白萝卜泡菜可谓是开胃首选。

海米冬瓜

用料：冬瓜，海米，植物油，酱油，盐，葱末，姜末。

制作方法：1.将海米提前泡发，去掉未清除干净的外皮；冬瓜去皮、去瓤，切薄片。

2.炒锅放油，放入葱末和姜末，下入海米翻炒，炒至海米变得晶莹剔透出香味，放入冬瓜片翻炒。

3.将酱油、盐放入调味。倒入浸泡海米的水，炒拌均匀，煮至冬瓜入味，调味出锅装盘食用。

推荐年龄：2 岁以后

营养师小叮咛：海米属于高蛋白食材，有利于补充蛋白质。

南瓜海鲜焖饭

用料：大米，南瓜，香菇，虾仁，蛏子，植物油，盐，蒜末，生抽，胡椒粉。

制作方法：1.虾仁、蛏子洗净备用；香菇洗净切片；南瓜去皮后洗净切小块。

2.炒锅放植物油，烧至八成热放蒜末爆香，加入南瓜块翻炒均匀后放入大米搅拌均匀，再放入虾仁和蛏子、生抽、胡椒粉和盐调味。放入电饭煲内，蒸熟。

推荐年龄：2 岁以后

营养师小叮咛：对于海鲜不过敏的孩子，可以适量摄入海鲜，可增加锌等营养元素的摄入。

西红柿虾仁疙瘩汤

用料：虾仁，西红柿，鸡蛋，面粉，油菜，盐，香油。

制作方法：1.将面粉加水顺时针搅拌成面疙瘩；虾仁洗净去皮去头切末；油菜洗净焯熟切碎末；西红柿洗净切丁；鸡蛋只用蛋黄，打散。

2.炒锅加适量水烧沸后加入西红柿丁，出汁后倒入面疙瘩，打散，将打散的蛋黄和虾仁末倒入。

3.最后将油菜末倒入，搅拌均匀后滴入香油，加盐调味即可。

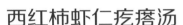 **推荐年龄**：2岁以后

营养师小叮咛：虾仁属于高蛋白低脂的食物，有利于补充优质蛋白。

韭菜炒虾仁

用料：韭菜，虾仁，植物油，盐。

制作方法：1.韭菜洗净后切大段。

2.炒锅加热后放植物油，炒韭菜，断生后放入虾仁。

3.搅拌均匀后放盐调味，再搅拌匀后起锅装盘即可。

推荐年龄：2岁以后

营养师小叮咛：韭菜具有独特的味道，含有丰富的纤维素。

西芹腰果百合

用料：西芹，百合，腰果，枸杞子，植物油，葱末，姜末，水淀粉，香油。

制作方法：1.西芹洗净削皮，切成菱形块；百合掰开洗净；腰果用油炸熟备用。起锅烧水，水沸后加入西芹、枸杞子，开锅即捞出。

2.另起锅将油烧热，爆香葱末、姜末后倒入西芹块、百合、枸杞子翻炒均匀，加盐调味，翻炒均匀后用水淀粉勾芡后盛入盘中，淋少许香油即可。

推荐年龄：2岁以后

营养师小叮咛：该菜营养价值高。但腰果含有较多的脂肪，尤其再经过油炸，应适量摄入。

彩色面片

用料：胡萝卜汁，菠菜汁，西红柿汁，面粉，盐，肉末。

制作方法：1. 分别用 3 种不同颜色的蔬菜汁和等量的面粉和匀，揉成光滑的面团后饧发。

2. 将饧发后的面团揉成薄饼状，再切成大小粗细均匀的小面条备用。锅中水滚开后将彩色面条放入，煮至滚开后滴入少量冷水，滚开 3 次后关火。面条盛入碗中搭配少量肉末，加盐调味即可。

推荐年龄：2 岁以后

营养师小叮咛：面条的色彩感非常强，能够吸引孩子的眼球，让孩子对饮食更感兴趣。

水果沙拉

用料：苹果，香瓜，葡萄干，香蕉，酸奶，沙拉酱，糖桂花。

制作方法：1. 香瓜、苹果、葡萄干分别洗净。

2. 香瓜和苹果、香蕉去皮切成小块，葡萄干直接放入备用。

3. 将酸奶，沙拉酱，糖桂花放在一起，充分搅拌均匀成为沙拉酱汁。

4. 将酱汁浇在水果上，拌匀即可。

推荐年龄：2 岁以后

营养师小叮咛：不同的水果有不同的营养价值，将多种水果放一起做成水果沙拉，营养均衡。

大拌菜

用料：苦菊，生菜，小西红柿，紫甘蓝，醋，盐，橄榄油。

制作方法：1. 小西红柿洗净备用；苦菊洗净撕成小朵；生菜洗净撕成小朵。

2. 紫甘蓝洗净撕成小朵。

3. 将洗好切好的蔬菜放入盘中。

4. 用醋、盐、橄榄油调成油醋汁。

5. 倒入到菜中搅拌均匀即可。

推荐年龄：2 岁以后

营养师小叮咛：这几种菜都属于营养价值较高的蔬菜。

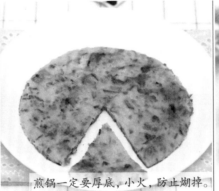

煎锅一定要厚底，小火，防止煳掉。

高汤锅子鱼

用料： 鲤鱼，火腿片，冬笋，香菇，葱花，姜丝，蒜，料酒，盐，醋，高汤。

制作方法： 1. 冬笋和香菇洗净切片，将鲤鱼去鳞开膛，除去内脏，漂洗干净后切成瓦块形状，与葱花、姜丝一起投入炒锅翻炒均匀，加入料酒、盐、醋，稍入味后加入高汤，待高汤沸腾后加入火腿片、冬笋片、香菇片。

2. 小火炖制 5 分钟后，食用时可蘸食以姜、醋调成的汁味道更佳。

　　推荐年龄： 2 岁以后

　　营养师小叮咛： 荤素搭配，汤汁鲜嫩。但给孩子吃鱼时需注意将鱼刺弄干净，以免发生意外。

胡萝卜洋葱饼

用料： 洋葱，胡萝卜，鸡蛋，面粉，植物油，葱花，盐。

制作方法： 1. 洋葱、胡萝卜洗净，切小丁，加入葱花，拌匀；鸡蛋打散成蛋液。

2. 将面粉加水搅拌均匀，加入鸡蛋液和切好的菜丁加盐，搅拌均匀。

3. 将锅烧热，放少许植物油，倒入适量面糊，转一圈，使面糊均匀。

4. 待表面凝固后翻面煎熟即可。

推荐年龄： 2 岁以后

　　营养师小叮咛： 胡萝卜洋葱饼，食材种类多样，营养丰富，做法简便。

黑芝麻核桃米糕

用料： 黑芝麻，核桃仁，鸡蛋，糯米粉，玉米粉，牛奶。

制作方法： 1. 将蛋清、蛋黄分开，只取蛋清充分打发后备用。

2. 糯米粉和玉米粉混合均匀后加适量牛奶调成糊状后放入打发的蛋清搅拌均匀。

3. 将牛奶鸡蛋面糊倒入模具后撒入黑芝麻、核桃仁，上锅蒸 15 分钟左右。

4. 取出晾凉后脱模装盘即可。

推荐年龄： 2 岁以后

　　营养师小叮咛： 黑芝麻含有大量的脂肪和蛋白质、铁等营养成分。

附录

宝宝健康发育监测卡

宝宝身高、体重发育的标准线已在图上用带色阴影部分标出。爸爸妈妈将宝宝每月的身高、体重结果用点标在健康发育监测卡上，然后连线显示出来。如果发育正常，点连起的曲线会在带色的阴影中；如果超高或肥胖，曲线会在阴影的上方；如果矮小或偏瘦，曲线会在阴影的下方。

爸爸妈妈最好每个月为宝宝测量一次身高和体重，并将数值标注在健康发育监测卡上，与标准线进行比较。如果宝宝的发育过快或过慢，应该向医生咨询，排除疾病的可能，并考虑适当增减营养。

0~3岁宝宝身高曲线图

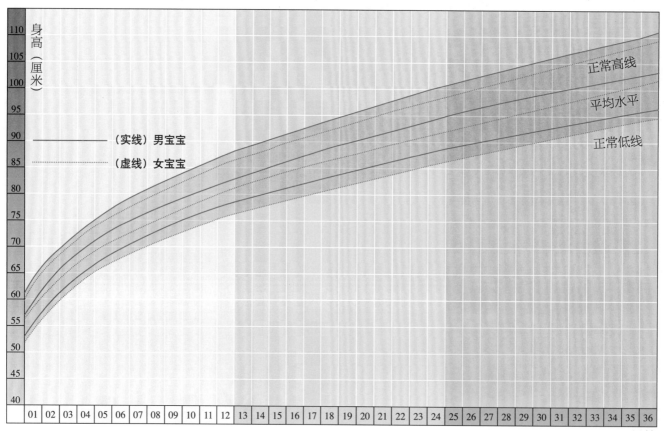

月龄

0~3岁宝宝体重曲线图

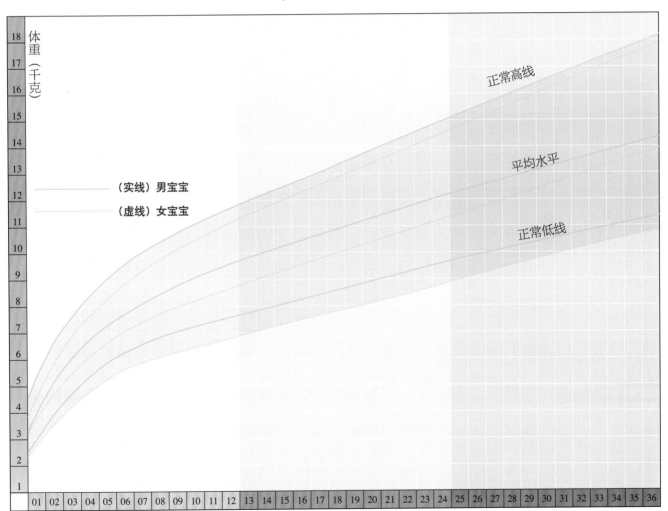

正常高线

平均水平

正常低线

（实线）男宝宝

（虚线）女宝宝

体重（千克）

月龄

一家三口的 5 日饮食方案

餐次	周一食谱		周二食谱	
	食谱	食物名称	食谱	食物名称
早餐	杂粮粥	绿豆、糙米、大米、黄米	花卷	小麦粉、麦胚粉
	酸奶	酸奶	牛奶	牛奶
	白煮蛋	鸡蛋	炒鸡蛋	鸡蛋、油菜碎叶
中餐	芹菜拌海带	芹菜、海带、花生	青椒拌豆腐丝	青椒、豆腐皮
	米饭	大米	二米饭	大米、小米
	菜花烧肉片	西蓝花、猪瘦肉	红烧鸡腿	鸡腿
	西红柿炒蛋	西红柿、鸡蛋	松仁玉米	松仁、玉米
	清炒菠菜	菠菜	炒卷心菜	卷心菜、油菜
	豆腐羹	南豆腐	冬瓜小排汤	冬瓜、小排、虾仁
	红薯饭	大米、红薯	馒头	小麦粉
晚餐	鲫鱼萝卜丝	鲫鱼、白萝卜、葱、蒜	炒蛤蜊	蛤蜊、辣椒
	炖排骨	排骨	家常豆腐	北豆腐、肉末少许
	炒芦笋	芦笋、油菜梗	炒西蓝花	西蓝花
	米汤	小米、绿豆	菌菇汤	冬菇、香菇、杏鲍菇
晚点	葡萄、梨、松子	葡萄、梨、松子	梨、苹果、核桃	梨、苹果、核桃

餐次	周三食谱		周四食谱		周五食谱	
	食谱	食物名称	食谱	食物名称	食谱	食物名称
早餐	包子	小麦粉、牛肉、胡萝卜	鸡蛋饼	小麦粉、鸡蛋	三明治	小麦粉、鸡蛋、奶酪、西红柿
	豆浆	豆浆	酸奶	酸奶	牛奶	牛奶
	蒸土豆	土豆＋蜂蜜	香干拌奶酪	豆腐干、小葱、奶酪	拌豆芽	绿豆芽
	苹果	苹果	香蕉	香蕉	苹果	苹果
	米饭	大米	红豆饭	赤豆、大米、大黄米	米饭	大米
午餐	肉片烩鲜蘑	蘑菇、猪瘦肉、芥蓝	土豆炖牛肉	土豆、牛肉	炒鸡丝	胡萝卜、鸡胸脯肉
	蛤蜊炖蛋	蛤蜊、鸡蛋	扁豆炒肉丝	扁豆、猪瘦肉	盖菜炖豆腐	盖菜、北豆腐
	醋熘白菜	白菜	芹菜香干	芹菜、豆腐干	蒜蓉苦瓜	苦瓜
	虾皮萝卜丝汤	萝卜、虾皮	西红柿蛋汤	西红柿、鸡蛋	山药排骨汤	山药、排骨
	糙米饭	大米、糙米、花生	大米粥	大米、核桃	黄米饭	大黄米、大米
晚餐	红烧鸡翅	鸡翅	馒头	小麦粉、麦胚粉	盐水虾	河虾
	素三丁	竹笋、胡萝卜、黄瓜	鱼头炖豆腐	鲢鱼头、南豆腐	洋葱炒蛋	洋葱、鸡蛋
	炒苋菜	苋菜	素三鲜	胡萝卜、蘑菇、芦笋	炒茼蒿	茼蒿
	西红柿蛋汤	西红柿、鸡蛋	苹果	苹果	橘子	橘子
晚点	西瓜	西瓜			面包＋奶酪	面粉、奶酪、草莓酱

资料来源：中国营养学会编著,《中国居民膳食指南 2016》

3~5岁儿童一日三餐

食谱能量提供 5023~5442 千焦（1200~1300 千卡）

食物和摄入量	谷薯类	蔬菜水果类	鱼禽蛋和瘦肉	乳制品、大豆坚果	食用油、盐
	谷类 100 克 薯类 25 克	蔬菜 250 克 水果 150 克	畜禽肉 25 克 水产品 20 克 蛋类 25 克	大豆 15 克 坚果 5 克 牛奶 500 毫升	烹调油 20 毫升 盐 5 克
重要建议	最好选择 1/3 的全谷类及杂豆类食物，注意烹饪方式	选择多种多样的新鲜蔬菜水果，深色蔬菜最好占到一半以上。天天吃水果	优先选择鱼和禽肉，要吃瘦肉，鸡蛋不要丢弃蛋黄	每天吃奶制品，包括液态奶、酸奶和奶酪；经常吃豆制品如豆腐、豆干等	培养清淡饮食习惯，少吃高盐和油炸食品
早餐	燕麦粥 1 碗（燕麦 10 克，大米 10 克，核桃 2~5 克）、白煮蛋 1 个（鸡蛋 30 克）、蔬菜小菜和奶酪凉拌 10 克				
加餐	香蕉（香蕉 100~150 克）、牛奶 1 杯（200~250 毫升）				
中餐	米饭（大米 25 克）、小米粥（小米 15 克）、红烧鸡肉（鸡肉 25 克，蘑菇少许）、清炒西蓝花（西蓝花 100 克）、醋熘土豆丝（土豆 50 克）				
加餐	酸奶 200~250 毫升				
晚餐	米饭（大米 40~45 克，蒸南瓜 80~100 克）、清蒸鲈鱼（鲈鱼 20~25 克）、油菜汤（油菜 60~100 克）、红烧豆腐（豆腐 100 克，肉末 20~30 克）				
提示	培养清淡饮食习惯	每天饮水 1000~1500 毫升，喝白开水	吃动平衡：鼓励户外运动或游戏，每天最好进行 60 分钟活动，如快跑、骑小自行车、体操、游泳、游冰、捉迷藏、跳舞、拍球、溜滑梯等		

资料来源：中国营养学会编著，《中国居民膳食指南 2016》

乳母一日膳食　食谱提供能量 9628 千焦 (2300 千卡)

食物和摄入量	谷薯类	蔬菜水果类	鱼禽蛋和瘦肉	乳制品、大豆坚果	食用油、盐
食物和摄入量	谷类 250~300 克 薯类 75 克	蔬菜 500 克 水果 200~400 克	畜禽肉 85 克 水产品 85 克 蛋类 50 克	大豆 25 克 坚果 10 克 牛奶 400~500 毫升	烹调油 25 毫升 盐 5 克
重要建议	全谷物和豆类等不少于 1/4	选择多种多样的新鲜蔬菜水果，绿叶蔬菜和红黄色等有色蔬菜占到 2/3 以上	建议每天吃水产品，每周 1~2 次动物肝脏，每次 50 克左右	每天饮奶，经常吃豆制品，适量吃坚果	继续清淡饮食习惯，少吃高盐和油炸食品
早餐	肉包子 1 个（面粉 50 克、猪肉 25 克、油菜少许）	红薯稀饭 1 碗（大米 25 克、红薯 25 克）、拌黄瓜 1 碟（黄瓜 100 克）	煮鸡蛋 1 个（鸡蛋 50 克）		
点心		酸奶 200 毫升，苹果 1 个（苹果 150~200 克）			
中餐	米饭 1 碗（大米 100 克）	油菜猪肝汤（油菜 100 克、猪肝 20 克）、丝瓜炒牛肉（丝瓜 100 克、牛肉 50 克）			
点心		橘子 1 个（橘子 150 克）、奶酪 10~20 克			
晚餐	玉米面馒头（玉米粉 30 克、面粉 50 克）	蒸红薯或土豆（50 克）、青菜炒干张（小油菜 200 克、干张 50 克）、香菇炖鸡汤（鸡肉 75 克、香菇适量）			
晚点	牛奶煮麦片（牛奶 250 毫升、燕麦片 10 克、糖或蜂蜜少许）				
其他提示	足量饮水、也可增加鱼汤、粥或牛奶的摄入；少吃糖和含糖饮料；禁止饮酒；选择适合和适量的体育活动；注意增加三餐外的加餐				

资料来源：中国营养学会编著，《中国居民膳食指南 2016》

健康老人的食谱安排

食谱能量提供 6279~7953 千焦（1500~1900 千卡）

	食谱计划一（6279 千焦）1500 千卡		食谱计划二（7116 千焦）1700 千卡		食谱计划三（7953 千焦）1900 千卡	
	菜肴名称	食物名称及数量	菜肴名称	食物名称及数量	菜肴名称	食物名称及数量
早餐	米粥	大米 10 克，小米 10 克，赤豆 10 克	香菇菜包	小麦粉 50 克，香菇 5 克，青菜 50 克	燕麦粥	燕麦 25 克
	烧卖	面粉 10 克，糯米 15 克	白煮蛋	鸡蛋 30 克	花卷	小麦粉 50 克
	鸭蛋黄瓜片	咸鸭蛋 20 克，黄瓜 50 克	豆浆	豆浆 250 毫升	拌青椒	青椒 100 克，香油 5 毫升
加餐	酸奶	1 盒（100~150 毫升）	奶酪	10~20 克	葡萄	葡萄 200 克
	香蕉	100 克	柚子	柚子 200 克	牛奶	牛奶 300 毫升
中餐	红薯饭	大米 40 克，红薯 50 克	赤豆饭	大米 75 克，小米 10 克，赤豆 25 克	绿豆米饭	绿豆 10 克，粳米 100 克
	青菜烧肉丸	青菜 150 克，猪肉末 20 克	青椒土豆丝	青椒 100 克，土豆 100 克	白菜炖豆腐	白菜 100 克，北豆腐 75 克，猪瘦肉 20 克
	海带豆腐汤	海带结 20 克，内酯豆腐 150 克	腰果鸡丁	腰果 10 克，鸡腿肉 50 克		
			紫菜蛋汤	紫菜 2 克，鸡蛋 10 克	炒西蓝花	西蓝花 100 克

	食谱计划一（6279 千焦）1500 千卡		食谱计划二（7116 千焦）1700 千卡		食谱计划三（7953 千焦）1900 千卡	
	菜肴名称	食物名称及数量	菜肴名称	食物名称及数量	菜肴名称	食物名称及数量
加餐	橙子	150 克	牛奶	牛奶 300 毫升	橘子	橘子 100 克
晚餐			黑米饭	大米 50 克，黑米 25 克	小米粥	小米 25 克
	鸡丝面	小麦粉 75 克，鸡胸脯肉 40 克，胡萝卜 100 克，黄瓜 50 克，木耳 10 克	小黄鱼炖豆腐	小黄鱼 50 克，北豆腐 50 克	馒头	小麦粉 75 克
			清炒菠菜	菠菜 200 克	清蒸鲳鱼	鲳鱼 100 克
	盐水虾	基围虾 30 克			虾皮炒卷心菜	虾皮 10 克，卷心菜 100 克
	牛奶	半杯（100~150 毫升）	梨	100 克	蒜蓉菠菜	菠菜 100 克
烹调油	花生油	20 克	大豆油	25 克	葵花籽油	20 克
盐	盐	<6 克	盐	<6 克	盐	<6 克

资料来源：中国营养学会编著，《中国居民膳食指南 2016》

中国居民膳食矿物质的推荐摄入量 (RNI) 或适宜摄入量 (AI)

人群	钙 毫克/天 RNI	磷 毫克/天 RNI	钾 毫克/天 AI	钠 毫克/天 AI	镁 毫克/天 RNI	氯 毫克/天 AI	铁 毫克/天 RNI 男	铁 毫克/天 RNI 女	碘 微克/天 RNI	锌 毫克/天 RNI 男	锌 毫克/天 RNI 女	硒 微克/天 RNI	铜 毫克/天 RNI	氟 毫克/天 AI	铬 微克/天 AI	锰 毫克/天 AI	钼 微克/天 RNI
0岁~	200	100(AI)	350	170	20(AI)	260	0.3(AI)	0.3(AI)	85(AI)	2.0(AI)	2.0(AI)	15(AI)	0.3(AI)	0.01	0.2	0.01	2(AI)
0.5岁~	250	180(AI)	550	350	65(AI)	550	10	10	115(AI)	3.5	3.5	20(AI)	0.3(AI)	0.23	4.0	0.7	15(AI)
1岁~	600	300	900	700	140	1100	9	9	90	4.0	4.0	25	0.3	0.6	15	1.5	40
4岁~	800	350	1200	900	160	1400	10	10	90	5.5	5.5	30	0.4	0.7	20	2.0	50
7岁~	1000	470	1500	1200	220	1900	13	13	90	7.0	7.0	40	0.5	1.0	25	3.0	65
11岁~	1200	640	1900	1400	300	2200	15	18	110	10	9.0	55	0.7	1.3	30	4.0	90
14岁~	1000	710	2200	1600	320	2500	16	18	120	11.5	8.5	60	0.8	1.5	35	4.5	100
18岁~	800	720	2000	1500	330	2300	12	20	120	12.5	7.5	60	0.8	1.5	30	4.5	100
孕妇（早）	800	720	2000	1500	370	2300	—	20	230	—	9.5	65	0.9	1.5	31	4.9	110
孕妇（中）	1000	720	2000	1500	370	2300	—	24	230	—	9.5	65	09	1.5	34	4.9	110
孕妇（晚）	1000	720	2000	1500	370	2300	—	29	230	—	9.5	65	0.9	1.5	36	4.9	110
乳母	1000	720	2400	1500	330	2300	—	24	240	—	12	78	1.4	1.5	37	4.8	113

注：未制定参考值者用"—"表示

资料来源:《中国居民膳食指南 2016》

中国居民膳食营养素参考摄入量表（2013）

中国居民膳食能量需要量（EER）、宏观营养素可接受范围（AMDR）、蛋白质参考摄入量（RNI）

人群	EER（千焦/天）		AMDR				RNI	
	男	女	总碳水化合物	添加糖（%E）	总脂肪（%E）	饱和脂肪酸 U-AMDR（%E）	蛋白质（克/天）	
							男	女
0~6个月	377千焦/（千克·天）	377千焦/（千克·天）	—	—	48(AI)	—	9(AI)	9(AI)
7~12个月	335千焦/（千克·天）	335千焦/（千克·天）	—	—	40(AI)	—	20	20
1岁	3767	3349	50~65	—	35(AI)	—	25	25
2岁	4605	4186	50~65	—	35(AI)	—	25	25
3岁	5233	5023	50~65	—	35(AI)	—	30	30
4岁	5442	5233	50~65	<10	20~30	<8	30	30
5岁	5860	5442	50~65	<10	20~30	<8	30	30
6岁	5860	5233	50~65	<10	20~30	<8	35	35
7岁	6279	5651	50~65	<10	20~30	<8	40	40
8岁	6907	6070	50~65	<10	20~30	<8	40	40
9岁	7326	6448	50~65	<10	20~30	<8	45	45
10岁	7535	6907	50~65	<10	20~30	<8	50	50
11岁	8581	7535	50~65	<10	20~30	<8	60	55
14~17岁	10465	8372	50~65	<10	20~30	<8	75	60

注：未制定参考值者用"—"表示；%E为占能量的百分比；EER：能量需要量；AMDR：可接受的宏量营养范围；RNI：推荐摄入量

资料来源：《中国居民膳食指南2016》

食物互换表

表1 谷类薯类食物互换表(能量相当于 50 克米、面的食物)

食物名称	市品重量（克）*	食物名称	市品重量（克）*
稻米或面粉	50	烙饼	70
面条（挂面）	50	烧饼	60
面条（切面）	60	油条	45
米饭	籼米 150，粳米 110	面包	55
米粥	375	饼干	40
馒头	80	鲜玉米（市品）	350
花卷	80	红薯、白薯（生）	190

* 成品按照与原料的能量比折算。

表2 蔬菜类食物互换表(市品相当于 100 克可食部重量)

食物名称	重量（克）*	食物名称	重量（克）*
萝卜	105	菠菜、油菜、小白菜	120
樱桃西红柿	100	圆白菜	115
西红柿	100	大白菜	115
柿子椒	120	芹菜	150
黄瓜	110	蒜苗	120
茄子	110	菜花	120
冬瓜	125	莴笋	160
韭菜	110	藕	115

* 按照食品可食部百分比折算。

表 3 水果食物互换表（市品相当于 100 克可食部重量）

食物名称	重量（克）*	食物名称	重量（克）*
苹果	130	柑橘、橙	130
梨	120	香蕉	170
桃	120	芒果	150
鲜枣	115	火龙果	145
葡萄	115	菠萝	150
草莓	105	猕猴桃	120
柿子	115	西瓜	180

* 按照市品可食部百分比折算。

表 4 肉类食物互换表（市品相当于 50 克生鲜肉）

食物名称	重量（克）*	食物名称	重量（克）*
猪瘦肉（生）	50	羊肉（生）	50
猪排骨（生）	85	整鸡、鸭、鹅（生）	75
猪肉松	30	烧鸡、烧鸭、烧鹅	60
广式香肠	55	鸡肉（生）	50
肉肠（火腿肠）	85	鸡腿（生）	90
酱肘子	35	鸡翅（生）	80
瘦牛肉（生）	50	炸鸡	70
牛肉干	30	烤鸭	55

* 以可食部百分比及同类畜、禽生肉的蛋白质折算，烤鸭、肉松、大排等食物能量密度较高，与瘦肉相比，
  提供等量蛋白质时，能量是其 2~3 倍，因此在选择这些食物时应注意总能量的控制。

资料来源：中国营养学会编著，《中国居民膳食指南 2007》

表5 鱼虾类食物互换表（市品相当于50克可食部重量）

食物名称	市品重量（克）*	食物名称	市品重量（克）*
草鱼	85	大黄鱼	75
鲤鱼	90	带鱼	65
鲢鱼	80	鲅鱼	60
鲫鱼	95	墨鱼	70
鲈鱼	85	蛤蜊	130
鳊鱼（武昌鱼）	85	虾	80
鳙鱼（胖头鱼，花鲢鱼）	80	蟹	105
鲳鱼（平鱼）	70		

*按照食品可食部百分比折算。

表6 大豆类食物互换表（相当于50克大豆的豆类食物）

食物名称	重量（克）*	食物名称	重量（克）*
大豆（黄豆、青豆、黑豆）	50	豆腐丝	80
北豆腐	145	素鸡	105
南豆腐	280	腐竹	35
内酯豆腐	350	豆浆	730
豆腐干	110		

*豆制品按照与黄豆的蛋白质比折算。

表7 乳类食物互换表（相当于100毫升鲜牛奶的乳类食物）

食物名称	重量（克）*
鲜牛奶（羊奶）	100
奶粉	15
酸奶	100
奶酪	10

*奶制品按照与鲜奶的蛋白质比折算。

资料来源：中国营养学会编著,《中国居民膳食指南2007》

参考资料

[1] 王惠珊，等 . 母乳喂养培训教程 . 北京：北京大学医学出版社, 2014.

[2] 中国营养学会 . 中国居民膳食指南 2016. 北京：人民卫生出版社, 2016.

[3] 中国营养学会 . 中国居民膳食营养素参考摄入量速查手册（2013 版）. 北京：中国标准出版社, 2014.

[4] 中国香港卫生署 . 6~24 个月婴幼儿 7 日饮食全攻略, 2017.

[5] 斯蒂文谢尔弗，陈铭宇，等 . 美国儿科学会育儿百科，第六版 . 北京：北京科学技术出版社, 2016.

[6] 刘长伟 . 母乳喂养到辅食添加 . 江苏：江苏凤凰科学技术出版社, 2016.

[7] 杨月欣 . 中国食物成分表 . 北京：北京大学医学出版社, 2009.

[8] 中国营养学会 . 食物与健康 . 北京：人民卫生出版社, 2016.

[9] Breastfeeding in the 21st century: epidemiology, mechanism and lifelong effect. Lancet, 2016.

[10] 中国香港卫生署 . http://www.dh.gov.hk/

[11] 世界卫生组织 . http://www.who.int/en/

[12] 美国儿科学会 . https://www.aap.org/en-us/Pages/Default.aspx

图书在版编目 (CIP) 数据

儿科刘长伟：不挑食　长得高 / 刘长伟主编 . -- 南京：江苏凤凰
科学技术出版社，2017.10
　（汉竹·健康爱家系列）
　ISBN 978-7-5537-8050-4

Ⅰ . ①儿… Ⅱ . ①刘… Ⅲ . ①婴幼儿 – 食谱 Ⅳ . ① TS972.162

中国版本图书馆 CIP 数据核字 (2017) 第 049129 号

中国健康生活图书实力品牌

儿科刘长伟：不挑食 长得高

主　　　编	刘长伟	
责 任 编 辑	刘玉锋　张晓凤	
特 邀 编 辑	张　瑜　尤竞爽　王　燕	
责 任 校 对	郝慧华	
责 任 监 制	曹叶平　方　晨	

出 版 发 行	江苏凤凰科学技术出版社
出版社地址	南京市湖南路 1 号 A 楼，邮编：210009
出版社网址	http://www.pspress.cn
印　　　刷	南京精艺印刷有限公司

开　　　本	715 mm×868 mm　1/12
印　　　张	17
字　　　数	120 000
版　　　次	2017 年 10 月第 1 版
印　　　次	2017 年 10 月第 1 次印刷

标 准 书 号	ISBN 978-7-5537-8050-4
定　　　价	49.80 元